JUNGS, EURE 400er

Die 27 PS Motorräder der 70er und 80er

Joachim Kuch

Motor buch Verlag

IMPRESSUM

Einbandgestaltung: Luis dos Santos unter Verwendung von Motiven von Yamaha Motors (Titelseite) und aus dem Archiv des Autors

Soweit nicht anders vermerkt, sind alle Abbildungen von Ulrich Schwab (Archiv Kuch).

1. Auflage 2021

ISBN 978-3-613-04408-1

www.motorbuch-verlag.de

Lektorat: Joachim Köster
Innengestaltung: Jürgen Knopf, 74321 Bietigheim
Druck und Bindung: Graspo CZ, 76302 Zlin
Printed in Czech Republic

Wer in den Sechzigern noch Motorrad fuhr, hatte es zu nichts gebracht. Oder war keinen Vernunftgründen zugänglich: Bild vom Osterwochenende 1966 am deutsch-niederländischen Grenzübergang Berg bei Zevenaar: Die wenigen Zweiradfahrer gingen in der Masse der Autofahrer einfach unter. (© Koch, Eric / Anefo)

Born to be wild.

Wir trugen Schlaghosen und olivgrüne Parkas, träumten von Easy Rider und fühlten uns wie Captain America auf unserem Bonanza-Rad, das wir längst über hatten. Doch wir sparten auf ein Mobylette-Mofa oder ein Kreidler-Mokick, ein Kleinkraftrad lag über unserem Schüler-Budget. Zum Führerschein gab es, trotz klammer Finanzen, aber keine Alternative: der Lappen musste her. Der kostete ja praktisch nichts, etwas dazuverdient oder Taschengeld gespart – das reichte in jedem Fall für den Vierer, den Fünfer sowieso und schon beinahe für den Einser, mit dem man jedes Motorrad gleich welcher Leistung fahren durfte.

Und da wuchs die Vielfalt ständig, denn Motorradfahren kam in Mode: Wer Zweirad fuhr, war kein armer Habenichts mehr, kein unreifer Halbstarker oder asozialer Rocker, sondern Trendsetter. Wir fühlten uns großartig.

Denn in den Siebzigern entdeckten eine Menge neuer Motorradfahrer die »Freiheit auf zwei Rädern«. Die Begeisterungswelle schwappte aus den USA zu uns herüber, und mit ihr kam eine Vielzahl neuer Motorräder und Marken. Gut, die Namen waren ungewohnt, aber die Motorräder allererste Sahne, auch wenn sie Honda, Kawasaki, Suzuki oder Yamaha hießen. Die »alten« Motorradfahrer, die »Windgesichter«, also die, die aus den 50er- und 60er-Jahren übrig geblieben waren und bislang vorzugsweise auf BMW, Hercules und Zündapp, auf Triumph, Norton und BSA oder Moto Guzzi unterwegs, staunten nicht schlecht. Meistens fuhren die den Winter durch und besuchten Jahr für Jahr das Elefantentreffen, das im Januar am Nürburgring in der eiskalten Eifel stattfand. Für die war eine 125er ein richtiges Motorrad, eine 250er solide Mittelklasse und eine 500er ein schwerer Brocken. Die plötzliche Popularität des Motorradfahrens war für sie eine ganz besondere Überraschung

Wir waren Helden, und selbst wenn wir ein cooles Bonanza-Rad fuhren, lockte im Hintergrund schon das Mofa.

Mit 16 waren wir den Mofa-Kindereien entwachsen. Ein Mokick musste her, besser noch eine offene 50er. War das geschafft, begann der Traum von der grenzenlosen Freiheit. (ETH Zürich, Bildarchiv / Com_LC1516-001-006 / CC BY-SA 4.0)

UNBESCHWERTE SIEBZIGER

Doch wir, als neue Generation von Motorradfahrern, hatten mit der alten Windgesichter-Herrlichkeit von Klacks und Co. kaum mehr etwas am Hut. Denn unsere Vorstellung von einem Motorrad hatte Hondas CB 750 geprägt. Sie stand für ein gutes Stück Lebensgefühl und hatte, wie die 68er Unruhen den Muff aus 1000 Jahren aus den Talaren fortwehten, den Staub vom Motorrad weggepustet und das Motorrad aus seiner Nische geholt.

Zweirad-Fahren war in Deutschland zu Anfang der Siebziger eine schwierige Sache gewesen. Wer sich ein Motorrad kaufte – und das taten 1970 kaum 6000 Unverdrossene – durfte sich als Windgesicht fühlen, war Überzeugungstäter und ging nie ohne anständiges Bordwerkzeug auf Tour, und noch viele Jahre lang war die Qualität des mitgelieferten Bordwerkzeugs mit ein Bewertungskriterium in den Tests. Die neue Fahrer-Generation hatte aber andere Erwartungen an ein Motorrad. Sie wollte Spaß, und so sie denn »schlosserte« (auch so ein Ausdruck der Altvorderen), dann nur zum Vergnügen und nicht aus Notwendigkeit. Denn die Motorräder hielten nun mehr als 10.000 oder 20.000 Kilometer, ohne dass eine größere Revision anstand. Da konnten die Treiber der alten Gummikühe und Grünen Elefanten nur Staunen.

Nebenbei bemerkt: Das serienmäßige Bordwerkzeug war wirklich lausig, und wer es denn wirklich mal brauchte, war aufgeschmissen. Allerdings: brauchte man höchst selten, die japanischen Motorräder boten eine automobilhafte Zuverlässigkeit. Weil nun nicht mehr ständig geschlossert werden musste, wurde Motorradfahren trendig. Wenn die Stuyvesant-Generation ihren Weg suchte, dann tat sie das auch auf zwei – motorisierten – Rädern. Das belegten die Zulassungszahlen ebenso wie die steigenden Umfänge und Auflagenzahlen der damals einzigen Motorradzeitschrift „Das MOTORRAD". Zu Anfang der 70er-Jahre trugen in der damaligen Bundesrepublik lediglich 141.047 Maschinen über 50 Kubikzentimeter Hubraum (die mit dem alten Führerschein 1 bewegt werden durften), das »Kuchenblech« genannte, sehr große Kennzeichen. Zehn Jahre später hatte sich der Motorradbestand nahezu vervierfacht. Irrsinnig steil verlief auch die Erfolgskurve bei den Neuzulassungen, die von 8254 Stück (1970) bis auf 98.893 Stück (1980) anstieg.

Mit den Zulassungen stiegen aber auch die Unfallzahlen. Seitens von Gesetzgeber und Versicherungswirtschaft wuchs die Erkennt-

Die Stuyvesant-Generation … fuhr BMW. Und schnupperte »den Duft der großen weiten Welt«. So sah Freiheit aus, hofften wir. Auch als Nichtraucher.

Einfache Rechnung, 1972: Ein Motorrad ist ein Hingucker, knapp bekleidete Damen auch. Beides zusammen muss einfach das ultimative Anzeigenmotiv werden. Für was geworben wurde? Keine Ahnung.

Ein wenig »Outlaw« musste schon sein: Wo Jugendhäuser waren, waren auch Maschinen. Auch hier ein Bild aus der Schweiz, laut Bildunterschrift sehen wir Angehörige der Jugendbande Teddies. (ETH Zürich, Bildarchiv / LC1592-000-013/ CC BY-SA 4.0)

nis, dass angesichts der nun möglichen Fahrleistungen die alten Schemata nicht mehr griffen: PS-Zahl und Hubraum gehörten nicht mehr zwangsläufig zusammen.

Und nachdem lange genug diskutiert und nachgedacht worden war, gerechnet und erwogen, galt dann ab dem 1. Januar 1977 eine Neuordnung der Versicherungsklassen nach Leistung: Die neuen Klassen – wer damals jung war, kann sie noch heute im Schlaf herunterbeten – hießen nun: bis zehn PS, bis siebzehn, bis siebenundzwanzig, bis fünfzig und über fünfzig PS – einfaches Schema, leicht nachvollziehbar und simpel.

AUSUFERNDE VIELFALT IN DEN ACHTZIGERN

Komplizierter wurde es wieder in den Achtzigern – nicht in der Einteilung der Versicherungsklassen, sondern dem Drumrum: Zum 1. April 1980 gab es zum Beispiel eine neue Führerscheinreglung. Jetzt war es nicht mehr so einfach, den Zweirad-Schein zu machen. Klar, von den viel zitierten japanischen Bestimmungen – darunter die Forderung, ein liegendes Motorrad aus eigener Kraft wieder auf die Räder zu stellen – war man hierzulande noch weit entfernt, aber ab Januar 1981 reichten zum Führerscheinerwerb nicht mehr einige Alibirunden auf den fliegengewichtigen Zweitaktern vom

Born to be wild: Wir träumten von Freiheit und Weiten. Und jedes Mal, wenn wir auf unsere Böcke stiegen, fühlten wir uns ein wenig wie in Easy Rider. Kein Zweifel: Wir waren Helden. (ETH Zürich, Bildarchiv / LC1516-001-008/ CC BY-SA 4.0)

Schlage eine Suzuki GT 185, wer den »Einser« machen wollte, hatte das auf einem Bike mit mindestens 27 PS und einem Leergewicht von 150 Kilogramm aufwärts zu tun. Außerdem war nun eine 90-minütige Autobahn Pflicht, und eine praktische Prüfung musste mindestens eine halbe Stunde dauern. War man zuvor mit vielleicht 300 oder 350 Mark für den Einser davon gekommen, ging es nun unter einem fetten halben Tausender nicht mehr ab. Mindestens.

Und auch sonst machte sich eine gewisse Ernüchterung breit. Es gab nun auch andere Grenzwerte in Sachen Motorrad-Lärm. Neue Motorräder durften ab 1981 maximal 87 dB(A) emittieren, das brachte kleinere Hersteller in Bedrängnis, selbst bei BMW hatte man zu kämpfen; ab 1.10. 1988 wurde die Latte noch einmal höher gelegt. Und ab dem 1. Januar 1989 wurden erstmals auch Abgas-Grenzwerte für Motorräder eingeführt, die wiederum vor allem den sogenannten Grauimporteuren zu schaffen machten. Die mussten nun nämlich für die von ihnen eingeführten Motorräder den Nachweis der TÜV-Konformität erbringen. Eine solche Überprüfung der Abgasemissionen war so teuer, dass sich das praktisch kein Händler mehr leisten konnte. Das machte auch den letzten Überlebenden der ehemals florierenden Branche den Garaus.

Stichwort Abschied: Von den deutschen Zweirad-Herstellern blieb nur noch BMW übrig. Die europäischen Hersteller versanken weitgehend in der Bedeutungslosigkeit. Traditionshersteller wie Ducati, Guzzi oder Morini gingen in die Knie, und dass ausgerechnet Cagiva, eine Marke, die erst seit 1978 existierte, Italiens Industrie retten würde, davon war zu dem Zeitpunkt ebenso wenig zu ahnen wie von Aprilias Erfolgen. In England wurde Triumph zu Grabe getragen, und nichts ließ vermuten, dass es in den Neunzigern ein Wiedersehen geben würde. In den USA gab es sowieso nur noch Harley Davidson das sich mehr schlecht als recht durchwurstelte. Soweit es die 27-PS-Klasse betraf, hatten die sowieso zumeist keine Rolle gespielt. Denn die japanischen Marken bedienten jede Nische, es kamen Motorräder, von denen wir bislang noch gar nicht wussten, dass wir sie vermisst hatten. Der Grundstock für die Vielfalt an Reisedampfern, Sportmaschinen und Großenduros, wie wir sie heute kennen, wurde damals gelegt.

Der erste umfassende Test kam rund ein halbes Jahr später. Das Heftlayout war wesentlich moderner geworden, hatte einen viel größeren Farbanteil. Das brachte die Fotos von Uli Schwab viel besser zur Geltung. 14-tägige Pflichtlektüre für die meisten von uns.

34-PS-SPECIAL

Bitte einsteigen – in die bunte Welt der 34-PS-Klasse

»Lehrjahre sind keine Herrenjahre.« Keine Angst, als Fahranfänger können Sie diese Weisheit getrost vergessen. Denn von entbehrungsreichen Einsteigerjahren auf irgendwelchen müden Rössern kann in der 34-PS-Klasse nun wirklich keine Rede sein.

Inhalt

Auch in diesem Jahr werden wieder Zehntausende das Motorrad-Hobby als schönste Nebensache der Welt entdecken. Nach bestandener Prüfung den Stufenführerschein einstecken und auf die Suche nach ihrem Wunschmodell gehen. Oder vielleicht noch am selben Tag die erste Runde auf der längst bereitstehenden Maschine drehen. Denn »der kluge Mann baut vor«, wie schon Schiller wußte.

Vorbeugend hatte der Gesetzgeber vor zehn Jahren die Einführung des Stufenführerscheins und ein Leistungslimit von 27 PS beschlossen. Damaliges Ziel: den durch Unfallstatistiken belegten risikofreudigen Fahrstil junger Fahranfänger einzubremsen. An und für sich kein schlechter Ansatz, doch müssen bis heute auch die erfahreneren Jahrgänge, die sogenannten Späteinsteiger, mit dem »beschränkten Einser« leben.

Immerhin sind seit April 1993 maximal 34 PS erlaubt, was generell den Fahrspaß, aber auch die Verkehrssicherheit z. B. auf Autobahnen (mehr Leistungsreserve zum gefahrlosen Überholen), deutlich erhöht. Licht am Ende des Tunnels zeichnet sich beim Direkteinstieg ab: Möglicherweise noch rechtzeitig vor dem Sommer dürften dann Motorrad-Neulinge, die älter als 25 Jahre sind, direkt aufs – ungedrosselte – Motorrad ihrer Wahl steigen.

Weil das aber noch Zukunftsmusik ist, seien die folgenden Seiten Neueinsteigern wie Spätberufenen gleichermaßen ans Herz gelegt. Denn sie geben Ihnen einen umfassenden Überblick über alle derzeit mit 34 PS erhältlichen Modelle – insgesamt 96 Maschinen und ihre technischen Daten, sortiert nach den wichtigsten Gattungen und fast alle auch abgebildet.

Ferner haben wir einem der beliebtesten Neuzugänge des Jahres 1997, der Kawasaki ER-5, intensiv auf den Zahn gefühlt – natürlich in der 34-PS-Version. Außerdem nachzulesen: die Einsteiger-Erlebnisse einer Ex-Sozia, die mit frischem »Stufen-Einser« und 27-PS-Enduro schnurstracks nach Korsika düste.

Dieter Höner

Stufenführerschein wörtlich genommen? Weit gefehlt: Der Klettermaxe hat den offenen Einser, und die Maschine gibt's nicht nur mit 34, sondern auch mit 50 PS.

2/1998 **Motorradfahrer** 41

Galten 27 PS in den 70ern noch als anständige Einsteiger-Motorisierung, passte diese Leistung in den 90ern nicht mehr zum neuen Stufenführerschein und wurde daher abgeschafft.

Die 400er-Ära währte rund zwei Jahrzehnte. Am Ende waren 27 PS doch zu wenig. ETH-Bibliothek Zürich, Bildarchiv / Fotograf: Vogt, Jules / Com_C34-013-001-002 / CC BY-SA 4.0

Und technisch fortschrittlich waren sie sowieso: Vierventiltechnik, Aus- und Einlasssteuersysteme, Hydrostößel, die eine Kontrolle des Ventilspiels überflüssig machten, Zentralfedersysteme, Literleistungen auf dem Niveau von Rennmaschinen der Sechziger und frühen Siebziger – die technische Entwicklung auf dem Motoren- wie auch dem Fahrwerksektor war gewaltig und folgten den Entwicklungen im Rennsport. Halb- und Vollverkleidungen, bisher lukratives Geschäft für Zubehörhersteller und Tuner, kamen nun direkt ab Werk. Natürlich, solche Neuerungen schmückten zuerst die Flaggschiffe der großen Hersteller, die GSX-R und FZ, die VFR und GPZ-Modelle dieser Welt. Doch von den technischen Errungenschaften profitierten auch die 27-PS-Mopeds.

Die wirkten, angesichts der Fülle an Innovationen, Ende der Achtziger nicht mehr zeitgemäß. Denn ihre Motorradklasse, die 400er Twins, rollte ins Abseits. Wer jetzt eine solche Maschine kaufte, wählte immer öfter eine gedrosselte Four, die dann problemlos auf die volle Leistung gebracht werden konnte. Nach zwanzig Jahren reagierten Gesetzgeber und Versicherungswirtschaft und erklärten die 34 zur neuen 27: Die Neunziger definierten die Mittelklasse neu.

Zu dem Zeitpunkt aber interessierte die uns meist nicht mehr: Wir hatten unsere Lehrjahre kostengünstig hinter uns gebracht und den Aufstieg geschafft. Doch wenn ich heute eine 400er von damals wiedersehe… verdammt, wir hatten auch mit nur 27 PS richtig gute Zeiten.

TEIL 1

Die deutschen Hersteller

Fast zwei Jahre nach Einführung der neuen Klasse, zur IFMA 1978, präsentierte BMW die neue R 45. Sie war ein echtes Boxer-Krad geworden: grundsolide verarbeitet, schwer und etwas behäbig. Die Drosselung von 35 auf 27 PS dämpfte den Fahrspaß aber nachhaltig.

BMW

BMW-Motorräder gibt es seit 1923, doch mit dem Ende des 50er-Jahre Motorradbooms in Deutschland stand der Motorradbau auch bei BMW auf der Kippe. Das starke Behördengeschäft und die Tatsache, dass man dank der florierenden Autosparte genügend Geld verdiente, verhinderte das endgültige Aus. Mehr noch: Man hatte Geld übrig und investierte dieses in eine neue Motorradgeneration, die /5-Reihe. Richtig modern wurden die eher teuren Tourer nicht, und das Image der Altherren-Sänften (und Polizei-Schau-

Zusammen mit der 450er stellte BMW die praktisch baugleiche 650er vor. Die allerdings blieb mit ihren 45 PS klar unter dem Limit der Versicherungsklasse bis 50 PS. Kam dann, anders als die R 45, auch als GS-Variante, dann mit 27 PS. (Foto: BMW AG)

Hören Sie, was Boxerlust

Immer die gleiche Platte: Auch die 27-PS-Klasse bediente BMW mit dem markentypischen Boxer. (Foto: BMW AG)

BMW bot dem markenbewussten Motorradfahrer das volle Zubehörprogramm. Das konnte die japanische Konkurrenz auch. Bemerkenswert indes an dieser Werbung von 1979 ist das Motiv (und ich meine nicht den Herren): Die kleinste BMW diente als Staffage, keine R 100. (Foto: BMW AG)

Die R 45 blieben bis 1985 im Programm. Rund 29.000 Maschinen hatten die Bänder in Berlin-Spandau verlassen. 27 PS bei 6500/min, 0-100 km/h in 14,4 s, Spitze 141 km/h, DM 6940,-.

keln!) änderte sich nur allmählich. Erst 1978 versuchte BMW, seine Zielgruppe zu verjüngen – und die 27-PS-Klasse war nunmal die Einsteigerklasse schlechthin. Im Prinzip war das keine schlechte Idee. Die Jugendbewegung nach Art des Hauses hieß R 45 und war ein erwachsenes Motorrad mit Boxermotor, das auf den ersten Blick kaum von den stärkeren Schwestermodellen zu unterscheiden war. Anderseits: Genau das war das Problem. Die Kardan-BMW waren teuer, sahen bieder aus und, vor allem, waren lahm: Mit einer Spitze von – mühsam genug – erreichbaren 135 km/h war gegen die GS und XS, die CBs und die Zs kein Stich zu machen. Außerdem war die R45 wegen ihrer harten, knochigen Schaltung berüchtigt. Und die VDO-Instrumente waren nicht nur ziemlich ungenau, sondern auch nicht ganz regendicht. Beides beschränkte sich natürlich nicht auf diesen Typ, sondern war Kennzeichen der gesamten Boxer-Baureihen.

In den Achtzigern konzentrierte sich das Interesse dann auf die R 65. Die war zusammen mit der 450er präsentiert worden, aber in der 50-PS-Klasse angesiedelt gewesen. Die gab es nach der Modellpflege zur Mitte des Jahrzehnts auch in einer Drosselversion mit 27 PS und neuem Monolever-Fahrwerk, wie schon aus der R 80 bekannt. Das Ende der 27-Ps-Regelung 1994 bedeutete auch das Ende für die 650er Boxer.

Die Nachfolge in Sachen Hubraum wie auch als Motorrad für BMW-Einsteiger markierte dann die einzylindrige F 650 GS mit Rotax-Single, die bei Aprilia in Noale vom Band lief.

HERCULES

Die Modellplatte der Traditionsmarke Hercules bestand in der Hauptsache aus 50ern und der 27 PS starken Wankel-Hercules W 2000. Und die erwies sich als gigantischer Flopp. Denn trotz des riesigen Interesses daran verkaufte sie sich miserabel. Das »W« in der Modellbezeichnung stand für den von Fichtel & Sachs ursprünglich für Schneemobile gebauten Kreiskolbenmotor, die Zahl verwies in das neue Jahrtausend und eine hoffnungsvolle Moderne, eine, in welcher der Einscheiben-Kreiskolbenmotor als Antrieb eine wesentliche Rolle spielen sollte. In profanen Heute der Siebziger stand die Bezeichnung indes für ein Wankel-Motorrad mit einem Kammervolumen von 294 Kubik und einer Leistung von 27 PS. Fiskus und Versicherung stuften die Hercules daher als 250er ein. Die Kraftübertragung erfolgte per Sechsgang-Getriebe.

Typisch für eine Maschine von Fichtel & Sachs war das tolle Fahrwerk, weniger gut dagegen die Bremsen, die VDO-Armaturen (»Wasseruhren« spottete der Zeitgeist) und das knochige Ziehkeil-Schaltgetriebe, das aus den Crossmaschinen stammte.

Dass der Verkaufserfolg so miserabel ausfiel, hatte aber andere Gründe, fehlende Vertriebsmöglichkeiten etwa und ein falsches Timing: Hercules hatte die W 2000 erstmals auf der IFMA 1970 als Studie gezeigt und einen Kardan versprochen: der Wankel war ein heißes Thema zu jener Zeit, das Interesse dementsprechend riesig.

Typisch für die deutschen Motorräder waren Einzylinder-Zweitakter wie die 125er Hercules. Mit einer Literleistung von 138 PS pro Liter und etwas mehr Hubraum wäre der hochgezüchtete Sachs-Single jederzeit in der Lage gewesen, mit den japanischen Zweitakt-Raketen mitzuhalten. 27 PS wären kein Problem gewesen. Wurde nichts draus. (Foto: Archiv Leverkus)

Hercules hatte zur IFMA 1970 das erste Wankel-Motorrad gezeigt, das auch in Serie gebaut werden sollte. Bis es so weit war, sollten aber noch Jahre verstreichen.

Danach – Funkstille, der Wankelmotor geriet als Autoantrieb zum Desaster. Das färbte ab. Daher war die Hercules, als sie dann zur IFMA 1974 als Serienausführung kam, eine Totgeburt. Denn zu dem Zeitpunkt war die Wankel-Euphorie längst abgeflaut und die japanischen Hersteller hatten den Markt im Griff: »Wer etwas Epoche machendes erwartet hat, müssen wir enttäuschen. Diese Hercules ist ein ganz normales Motorrad, das durch ein sehr gutes Fahrwerk besticht« - so das Fazit der Motorrad-Tests. Außerdem sollte die 27 PS starke Hercules stolze 4680 Mark kosten, Ende des Jahrzehnts waren beinahe 5000 Mark fällig). Dann doch lieber gleich eine hubraumgrößere Maschine, keine, deren Technik den Fahrrad- oder Mofa-Mechaniker überforderte.

Lieber Leser,

vielen Dank für Ihre Antwort.
Nur durch Ihre Anregungen und Ihre Kritik können wir uns ständig verbessern. Bitte schreiben Sie uns doch auf dieser Antwortkarte, wie Ihnen das Buch gefallen hat.

Autor und Titel des Buches:

Meine Meinung zu diesem Buch:

☐ sehr gut ☐ gut ☐ weniger gut ☐ nicht so gut

Kommentar:

Für die meisten Motorradfahrer war eine W 2000 aber viel zu teuer und auch aus Gründen der Optik völlig indiskutabel. 25 PS bei 6000/min, 0-100 km/h in 7,5 s, Spitze 150 km/h. DM 4500,-. (Foto: Archiv Leverkus)

MAICO

Auch am deutschen Kleinserienhersteller und Geländespezialisten im schwäbischen Pfäffingen ging der Motorrad-Boom spurlos vorüber, obwohl die Schwaben bereits 1971 eine moderne 250er aus der Boxengasse rollten. Das war zumindest der Plan, und Tester, Händler und alle Fahrer, bei denen ein Motorrad erst ab 250 Kubik seinen Namen verdiente, freuten sich. Dass die neue MD 250 dann aber erst 1974 in den Handel kam, begeisterte dann vor allem die Konkurrenz. Denn die hatte die ungeduldigen Maico-Kunden längst schon in den eigenen Sattel geholt. Nur einige Unentwegte harrten noch aus, und selbst die konnten nicht gleich bedient werden: Maico schraubte an einem Arbeitstag ganze sieben der 27 PS starken Drehschieber-Zweitakter zusammen. Zumindest in Anbetracht der Fahrleistungen lohnte sich das Warten, die rustikale Viertelliter-Schwäbin galt als schnelles Motorrad mit überragendem Fahrwerk. Ein amerikanisches Motorrad-Magazin indes bezeichnete sie als »primitiven, einfachen, rauen Traktor … aber kein Motorrad«. Der Titel der Geschichte lautete übrigens »Stone-Axe Motorcycling«, Motorradfahren in der Steinzeit. Das sagte eigentlich alles. Rund 1300 MD 250 wurden im Schwabenland zusammengeklöppelt. Einheitliche Serienstandards scheint es nicht gegeben zu haben, verbaut wurde an Teilen, was gerade günstig am Markt verfügbar war. Von Konkurrenz wie Kunden weitgehend unbeachtet, dämmerte die zuletzt über 4000 Mark teuere 250er bis 1978 vor sich hin, bevor sie, unbetrauert, entschlief. Immerhin: Wie von der kleinen 125er gab es auch hier

Maico baute eigentlich Geländesportmaschinen in zwei Ausführungen: Als Wettbewerbsmaschinen für den Moto Cross, dann hießen die Dinger MC, oder aber als Enduros, dann hießen sie GS. MD hingegen hießen nur die Straßenmaschinen, ganz ohne Gelände-Ambitionen. Das klassische Maico-Rot kam übrigens erst 1978.

Fahrkultur sah anders aus: Die Maico MD 250, Deutschlands einzige 250er, war eine Maschine, die ihrem Besitzer ein gehöriges Maß an Leidensfähigkeit abverlangte. Hier ein Exemplar von 1976. 27 PS bei 7000/min, 0-100 km/h in 6,6 s, Spitze 160 km/h.

eine Variante für den Straßenrennsport.

Mittlerweile hatten die Maico-Mannen an einer Neuauflage der 250er herumgefrikelt. Die Maico 250 wk war im Prinzip die alte MD 250, zuzüglich Wasserkühlung, Gussrädern, neuer Tank-Sitzbanklinie sowie Scheibenbremsen vorn wie hinten. Die Maßnahmen hoben das Leergewicht auf rund 130 Kilogramm, doch ging die Neue damit über 150 km/h. Die Jahresproduktion lag rund bei 300 Maschinen – zu wenig, um Maico vor dem finanziellen Absturz zu bewahren: Einerseits, weil 250er (und Zweitakter sowieso) im Westen nicht mehr gefragt waren, andererseits, weil die wassergekühlte Maico weder in Laufkultur noch Komfort oder Laufkultur dazugelernt hatte. Auch das hakelige Ziehkeil-Getriebe war durch gute Fahrleistungen und -eigenschaften nicht mehr zu entschuldigen. Auch üppige Preissenkungen – im Einführungsjahr kostete sie 4852, 1981 nur noch 3975 Mark– waren kein Argument für die Anschaffung einer Maico, ebenso wenig wie der eigens initiierte Maico-Cup. 1983 endete die Produktion der letzten Maico-Straßenmaschine.

Dem Trend der Zeit folgend, stellte Maico seine 250er dann auf Wasserkühlung um: MD 250 wk, 1979.

MZ

Die DKW-Nachfolgefirma MZ (Motorradwerke Zschopau) belieferte mit seinen Zweitaktern den gesamten Ostblock und erfreute sich dort eines guten Rufs. Obwohl die Nachfrage auf dem Inlandsmarkt nicht bedient werden konnte, wurde bereits in den 60er Jahren mit dem Export nach Westdeutschland begonnen, was dringend benötigte Devisen in die Kasse spülte. Maschinen wie die ETS 250 Trophy Sport, die im Mai 1969 vorgestellt wurde, wurden über Versandhändler Neckermann importiert. Die bis dahin schönste »Emme« überhaupt (am Design hatte das Institut für Gestaltung in Berlin mitgewirkt) basierte auf der 250-2 und unterschied sich von dieser in erster Linie durch die Telegabel der Geländemaschinen von der Vorgängerin. Die Leistung stieg von 17,5 auf 19 PS, sie musste nach 1977 entweder auf 17 PS gedrosselt werden, oder man hatte für 27 PS zu löhnen. Die Spitzengeschwindigkeit lag bei 130 km/h, das war sehr, sehr ordentlich. Von der in ostdeutschen Berichten zu lesenden »enormen Beschleunigungsreserve« war eine MZ aber weit entfernt, doch einen halbherzig gefahrenen, viertaktenden 27-PS-Japaner abzuledern, das war durchaus machbar.

Im Zeitalter der Vierzylinder-Kawa, einer Honda CB 750 oder einer Suzuki Katana wirkten die ostdeutschen 250er geradezu absurd antiquiert, und selbst die DDR-eigene Fachpresse träumte von einem »attraktiveren, sportlichen Finish«. Das sahen auch die meisten westdeutschen Motorradfahrer so, sie konnten mit den Neckermann-Emmen nichts anfangen, auch wenn die verlockend wenig kosteten. Ende der 70er Jahre war der MZ-Verkauf praktisch zum Erliegen gekommen. Zubehör-Discounter Hein Gericke versuchte dann in den Achtzigern, westdeutschen Sparfüchsen die Vorzüge der Traditionsmaschinen schmackhaft zu machen. Schöner wurden sie durch das Zubehör zwar nicht, aber praktischer, und mit Verkleidung,

Bis Mitte der 1970er Jahre waren MZ-Motorräder auch in Westdeutschland durchaus interessant.

Seite	Bild-Nr.	Artikel-Bezeichnung	Leer-Gew.	Zul. Ges.-Gew.	Hub-raum	PS	Zugelassen für	Preis
Mofa-25, führerscheinfrei (ab 15 Jahren), steuerfrei, 25 km/h								
666	1	Super-Mosquito 25, kompakt	26	130	34	0,65	1 Person	**349.—**
666	1	Super-Mosquito 25, Klappausführung	26	130	34	0,65	1 Person	**379.—**
667	5	Europed-Standard 25	41	130	47	0,88	1 Person	**398.—**
666	4	Europed-Luxus 25	42	140	47	0,88	1 Person	**489.—**
666	3	Europed-Super-Luxus-25	48	140	49	0,92	1 Person	**569.—**
667	9	Moto-Bonanza Mofa 25	52	140	49	0,92	1 Person	**698.—**
Moped 40, Mokick, Führerschein Klasse V (ab 16 Jahren), steuerfrei, 40 km/h								
666	4	Europed Luxus 40	42	140	47	1,8	1 Person	**548.—**
667	13	Duoped 40	53	210	48	1,93	2 Personen	**648.—**
667	9	Moto-Bonanza 40	52	140	49	1,93	1 Person	**748.—**
668	5	Simson-Mokick	68	170	49	2,2	1 Person	**579.—**
Kleinkraftrad, Führerschein Klasse IV (ab 16 Jahren), zulassungspflichtig, steuerfrei								
669	6	Garelli-Rekord-Super	69	220	49	6,25	2 Personen	**1098.—**
669	7	Garelli Cross-„Tiger"	70	220	49	6,25	2 Personen	**1248.—**
Roller 50 (Klasse V), Roller 50/S (Klasse IV)								
668	4	Capri-Roller 50	80	230	48	1,9	2 Personen	**998.—**
668	4	Capri-Roller 50/S	80	230	48	4,5	2 Personen	**1098.—**
Kraftrad, Führerschein Klasse I (ab 18 Jahren), steuerpflichtig, zulassungspflichtig								
668	2	MZ ETS 150	125	270	147	11,5	2 Personen	**1498.—**
668	1	MZ ETS 250	143	320	243	19	2 Personen	**2250.—**
668	3	MZ-Gespann 250 ccm	278	500	243	19	3 Personen	**2980.—**

① **NECKERMANN-MZ ETS 250 „TROPHY-SPORT".** Motorradfahrerwünsche gehen in Erfüllung mit diesem MZ-Modell. Sportlich und kraftvoll wie die äußere Form dieser 250-ccm-Straßensportmaschine ist auch ihr Einzylinder-Zweitaktmotor mit seiner Leistung von 19 PS. Ausgezeichnete Beschleunigungswerte: Aus dem Stand auf 80 km/h in 8,3 Sek., auf 100 km/h in 13,4 Sek. Höchstgeschwindigkeit ca. 130 km/h. Großflächiger Breitrippenzylinder in Verbundgußausführung – Geländesporterfahrungen standen Pate! Schneller Kaltstart ohne Tupfen durch lageunempfindlichen Zentralschwimmer-Startvergaser. Kraftübertragung über ein Vierganggetriebe und eine vollgekapselte Rollenkette (patentierter MZ-Kettenschutz). Die elastische Motoraufhängung garantiert absolut vibrationsfreies Fahren. Hydraulische Teleskopgabel, Federweg 145 mm und Hinterradschwinge, Federweg 105 mm, gestatten auch, auf schlechten und unebenen Straßen, selbst bei maximaler Schräglage und vollem Tempo, stabiles Fahrverhalten. Größte Sicherheit durch die großdimensionierten Trommelvollbremsnaben. **Farbe:** schwarz-rot. Siehe auch Tabelle oben.
Nr. 692/913 Rate ab 75.– ***nur* 2250.–**

668 **NECKERMANN**

② **NEU! NECKERMANN-MZ ETS 150.** – Das Motorraderlebnis für Sie! **Technische Daten:** Kraftvoller 143-ccm-2-Takt-Motor, 11,5 PS bei 6000–6300 U/min. Fußgeschaltetes 4-Gang-Getriebe. Mehrscheibenkupplung im Ölbad. Rundschieber Startvergaser. Patentierter vollgekapselter MZ-Kettenschutz. Hydraulisch gedämpfte Teleskopgabel, Federweg 145 mm. Hydraulisch gedämpfte Hinterradfederbeine, Federweg 100 mm. **Farbe:** schwarz-rot. Siehe auch Tabelle Seite 668.
Nr. 692/824 Rate ab 75.– ***nur* 1498.–**

③ **NECKERMANN-MZ-Gespann 250/2 „TROPHY de LUXE".** Mit ihrem leistungsstarken Einzylinder-Zweitaktmotor, 19 PS bei 5200–5500 U/min., ist die MZ ES 250/2 TROPHY de LUXE **die** ideale Gespannmaschine. Der MZ-Superelastik-Seitenwagen ist ausgerüstet mit Windschutzscheibe, Spritzdecke, Schwingenfederung u. hydraulischer Bremse, die mit dem Fußbremshebel der Maschine betätigt wird. Das leichte Aufklappen des vorderen Oberteiles der Karosserie ermöglicht bequemes Ein- und Aussteigen. **Farbe:** schwarz-rot. Siehe auch Tabelle S. 668.
Nr. 693/561 Rate ab 99.– ***nur* 2980.–**

Motorrad-Tankrucksack (o. Abb.). Mit Reißverschluß, Kartentasche und starken Lederriemen. Für alle Krafträder.
Nr. 693/456 **19.50**

④ **NECKERMANN-CAPRI 50.** Komfortabel, schmutzsicher, wirtschaftlich, steuerfrei, zulässig für 2 Personen. Mit gebläsegekühltem 2-Takt-Motor 48 ccm, 1,9 PS, Höchstgeschwindigkeit 40 km/h. 4-Gang-Getriebe mit Drehgriffschaltung, Kickstarter, Schwingenfederung vorne und hinten, Bereifung 12×3,00" und Trommelbremsnaben. – **Farbe:** weiß-rot. Siehe auch Tabelle Seite 668.
Nr. 693/170 Rate ab 50.– ***nur* 998.–**

④ **NECKERMANN-CAPRI 50/S.** Wie Nr. 693/170, jedoch mit 4,5 PS-Motor und Höchstgeschwindigkeit bis 70 km/h. Siehe auch Tabelle, Seite 668.
Nr. 693/189 Rate ab 55.– ***nur* 1098.–**

Rollergepäckträger (o. Abb.). Verchromt, passend für Capri 50 und Capri 50/S.
Nr. 693/944 **37.50**

Eingeheftete Bestellscheine ab Seite 355. Inhaltsverzeichnis Seite 367–370.

Dass die Ostdeutschen zeitweilig einen Marktanteil von fast 5 % hatten, lag an den sensationellen Preisen von MZ-Vertriebspartner Neckermann. Nach Einführung der neuen Versicherungsklasse und der steigenden japanischen Zahl an 250ern und 400ern brachen die MZ-Verkäufe zusammen.

Tankrucksack und Koffern sah eine MZ fast so aus wie ein normales Motorrad. Was allerdings nicht passte, war die Motorleistung: Über die 17-PS-Marke kletterte nur die MZ ETZ 250 als Gespann. Die Variante mit Superelastic-Seitenwagen kam auf »gesunde 21 PS« und »sauberen Durchzug in allen Drehzahlbereichen«: Wer in der 27-Ps-Klasse Gespann fahren wollte, kam um eine MZ nicht herum. Oder ließ sich seinen Japaner umbauen. Doch das kostete viel mehr als eine Gericke-MZ. Nach der Wende wurstelte MZ allein weiter, denn die von vielen Fans erhoffte Rettung – Übernahme durch BMW – fand nicht statt. Und auch eine hubraumgrößere MZ 301 vermochte die Marke nicht zu retten, ebenso wenig wie eine MZ 500 mit Rotax-Motor.

Hein Gericke bot die auf 17 PS gedrosselte Solo-Maschinen wie auch komplette Gespanne mit Superelastik-Seitenwagen an. Mit 21 PS musste dieses in der 27-PS-Klasse versichert werden. 21 PS bei 5600/min, 0-100 km/h in 22 s, Spitze 100 km/h. DM 3950,-.

Anfang der Neunziger kämpfte MZ, wie alle ostdeutschen Fahrzeughersteller, ums Überleben. Die Hoffnung, BMW würde einsteigen, erfüllte sich nicht: Mit ihren 21 PS war die ETZ 251 als modernisierte MZ chancenlos.

Daher versuchten die Zschopauer mit zugekauften Viertakt-Motoren Fuß zu fassen. Erstmals hatte eine »Emme« tatsächlich 27 PS.

BREMA

ZÜNDAPP

Das 27-PS-Geschäft ging an der 1917 gegründeten Zündapp komplett vorüber. Doch, anders als die anderen, haben es die Nürnberger immerhin versucht. Sie brachten einen 350er Prototypen, der exakt in diese Klasse gepasst hätte, zur Serienreife – beinahe wenigstens, denn in letzter Minute verloren die Zündapp-Eigner das Interesse: Man blieb den Mofas, Mokicks und Kleinkrafträdern treu, fiel mit den Achtzigern auf die Nase und verscherbelte dann 1984 den ganzen Ramsch nach China. Eine 27-PS-350er hätte den Untergang nicht mehr aufgehalten. Aus Sicht der Inhaber hatte man alles richtig gemacht, denn der Schritt in stärkere Leistungsklassen hatte ja schon mit der 175er nicht geklappt. Die war zwar sehr hübsch, hatte ein tolles Fahrwerk und einen sehr kultivierten Einzylinder-Zweitakter mit Wasserkühlung, bewegte sich aber preislich in Regionen japanischer 250er oder 400er.

Abb. links: Zündapps KS 175 war die wahrscheinlich beste 17-PS-Maschine ihrer Zeit und die größte Zündapp der Neuzeit. Für uns kam sie dennoch nicht in Frage, noch nicht einmal, wenn das Geld nur für ein 17-PS-Moped reichte. (Foto: Archiv Leverkus)

Oben: Eine 350er Twin brachten die Zündapp-Mannen zwar zur Serienreife, doch zu einer Serienfertigung kam es nie. Der Tank stammte von einer Suzuki GT 250.

TEIL 2

Nicht zu bremsen: Die Japaner

Die CJ-Honda standen am Übergang von der alten Hubraum- zur neuen Leistungs-Grenze. Sie gehörten zur ersten Generation von Motorrädern, die bereits ab Werk (oder zumindest Händler) regelkonform ausgeliefert werden konnten.

HONDA

Die Geschichte der 27-PS-Klasse beginnt bei Honda wie auch den anderen Herstellern, schon lange vor dem Stichtag: Jede Maschine, die angeboten wurde, basierte auf vorangegangenen Entwürfen.

ZWEI ZYLINDER MÜSSEN GENÜGEN

Ende 1973 hatte Honda die ersten Übersee-Kisten mit brandneuen Zweizylinder-Motorrädern ausgeladen. Die bestand aus den Zwillingen CB 250/ 360 G, und die machten alles besser als die vorangegangene K-Familie des Jahres 1968: Sie waren zuverlässiger, hatten einen automatischen Steuerkettenspanner und ein Sechsganggetriebe. Erfreulich war die bessere Zugänglichkeit des Motors, falls mal geschlossert werden musste. Die Motorleistung der 250er lag bei 27 PS, was allerdings nichts mit der deutschen Regelung zu tun hatte, so wurde sie international verkauft. So richtig flott war sie damit aber nicht. Im Test schaffte die moppelige 170-Kilo-Honda mit Mühe 125 km/h, und selbst das war für das Chassis – Stahlrohr ohne Pressblechteile – manchmal schon zu viel. Die praktisch baugleiche 360er leistete übrigens 34 PS, das war angesichts der damaligen, nach Hubraum bemessenen Steuer- und Prämien-Gestaltung völlig in Ordnung und noch einigermaßen finanzierbar. Das sah dann nach Einführung der 27-PS-Klasse anders aus: Jetzt passten die Leistungswerte nicht mehr in die neue Norm – na ja, und optisch wirkten die CB-G dann sowieso schon angestaubt und entwickelten sich zu Ladenhütern.

Für 1976 sollten das die CJ 250/360 T richten. Diese Twins hatte man günstiger ausgepreist und mit etwas modischem Schnickschnack – Heckbürzel – versucht, ihnen einen Touch der größeren CB 750 F1/F2 mit auf den Weg zu geben. Anlasser, sechster Gang und ein Auspufftopf waren dem Rotstift zum Opfer gefallen, dafür aber hatte man eine Telegabel spendiert. Schwachstellen blieben die hydraulisch betätigte Scheibenbremse, deren Betätigung hohe Handkräfte erforderten sowie die kernigen Vibrationen dieser Twins ohne Ausgleichswellen. Die CJ-T-Modelle wurden nur auf wenigen Märkten angeboten. Hierzulande wurden die letzten Exemplare schließlich 1979 verkauft, und die Händler schlugen drei Kreuze, als die Dinger endlich vom Hof waren. Denn dort drängelten sich längst schon weitere Zweizylinder, und über die Modellpolitik konnte man nur den Kopf schütteln.

Zum Spätjahr 1977 waren die CB-T-Typen erschienen, mit neuen Dreiventil-Zylinderköpfen, Ausgleichswellen und wartungsfreier Transistor-Zündung. Die Optik war mittelprächtig, das Gewicht

(plus 15 Kilo) für 27 PS zu hoch. Während die offene, 43 PS starke 400er von den Testern vielfach gelobt wurde, galt die ausschließlich in Deutschland lieferbare 27-PS-Drosselversion als lahme Ente, die kaum 130 km/h schaffte. 1979 kam dann noch eine CB 400 T mit Zweigang-Automatik, die war noch phlegmatischer. Man hat einen weiten Bogen darum gemacht, wie überhaupt die T-Familie auf den Straßen eher selten zu sehen war, denn Honda hat nach kaum einem halben Jahr schon die Nachfolger gezeigt: Richtig neu war bei den CB-N-Modellen allerdings nur das Design im Eurostyle-Look, die Motoren stammten von den T; der technische Fortschritt beschränkte sich daher auf sechs Gänge.

Hondas CB-T-Reihe von 1977 bot moderne Dreiventil-Technik in einer üppigen Verpackung. Es gab sie mit 250 und 400 Kubik und 17 beziehungsweise 27 PS. Die Maschinen kamen hierzulande nicht besonders gut an, wurden aber in den USA weiterhin angeboten.

Honda CB 400 T Hondamatic, 1978: Während die CB 750 mit Automatik-Getriebe in Europa nicht angeboten wurde, versuchte Honda in der 27-PS-Klasse seine Kunden von den Vorzügen der Zweigang-Automatik zu überzeugen. Keine gute Idee. DM 4818,-.

Die bulligeren T-Modelle wurden in den USA übrigens weiterhin verkauft, parallel zu den Euro-Honda. »Für Europa entwickelt – in Styling, Leistung und Handling«, schwärmten die Honda-Werber hierzulande vom geänderten Auftritt in der Mittelklasse, die von den ComStar-Rädern bis zum Heckabschluss viel mit den großen Vierzylindern CB 750 F /900 F gemeinsam hatte. Und auch wenn Fahrwerk und Motor der N im Prinzip den T-Modellen entsprachen, so steckten gut vier Dutzend Detailverbesserungen in den Euro-Sport. Am Motor waren dies die neue Nockenwelle mit anderen Steuerzeiten, überarbeitete Ein- und Auslasskanäle, eine um rund tausend Gramm leichtere Kurbelwelle, geänderte Vergaser und eine andere Auspuffanlage brachten mehr Dampf im oberen Drehzahlbereich. Ein Temperamentbündel war die 400er dennoch nicht, dazu schleppte sie mit 185 Kilogramm zu viel Gewicht mit sich herum. Mit 4588 Mark geriet die Euro in Anbetracht der soliden Verarbeitung, der guten Ausstattung (Elektro- und Kickstarter) auf Anhieb zum Bestseller. Viel gesehen hat man auch die CM 400 T als choppermäßig kostümierte CB-Ausführung. Der 27-PS-Softie war bei Fahrschulen sehr beliebt und bot technisch keine Überraschungen. Ein braves Alltagsmaschinchen, das nicht zu Unrecht

Die Honda-Twins kamen stets im Doppelpack. Die 250er hatte aber nur eine Scheibe vorne.

Die 400 N wurde sechs Jahre lang verkauft und kam auf rund 24.000 Verkäufe. 27 PS bei 7500/min, 0-100 km/h in 11 s, Spitze 141 km/h. DM 4718,-.

Nur 1980 wurde sie offen mit 27 PS verkauft, man musste aber nur für 17 PS zahlen.

Honda CB 400 N, 1978: Die Euro-Sportler wurden, laut Werbung, »für Europa entwickelt«. Die Technik stammte von den T-Modellen, der Aero-Stil kam aber in Deutschland wesentlich besser an.

zeitweise zum beliebtesten Chopper in Deutschland avancierte.

1981 renovierte Hamamatsu sein Erfolgsmodell, das in Japan und anderen Ländern auch mit 43 PS lieferbar war. Dazu bedurfte es lediglich einer anderen Nockenwelle. Erkennungszeichen des neuen Jahrgangs waren die besser verarbeiteten und breiteren Comstar-Räder aus goldfarbenem Aluminium und die O-Ring-Kette, eine etwas niedrigere Sitzbank mit Spoilerlippe und ein etwas höherer Lenker. Das 82er Modell verzichtete auf einen Kickstarter, trug einen schwarzeloxierten Motor mit außenliegenden Ölsteigleitungen, erhielt einen Vorderradkotflügel aus Kunststoff sowie Doppelkolben-Bremssättel, um nur die wichtigsten Modifikationen zu nennen.

Abgelöst wurde die Modellfamilie Mitte der Achtziger durch die 450er-CBs. Richtig neu an Hondas Neuer war vor allem das Styling. Tank, Sitzbank, Seitendeckel und Bürzel gehörten zum geänderten Outfit ebenso wie die Leichtmetall-Gussfelgen (1,85 x 19 vorn, 2,15 x 18 hinten), Beifahrer-Haltebügel, Kunststoff-Kotflügel und die eckigen Armaturen. Der Motor war im Grunde genommen ebenso bekannt, hatte aber 75 statt 70 mm messende Kolben. Bei identischen 50,6 mm Hub ergab sich so ein Hubraumzuwachs auf 447 Kubik. Profitiert davon hatte vor allem das Durchzugsvermögen des 9,3 verdichteten Paralleltwins: Es stieg von 2,8 mkp bei 6500/min auf 3,3 mkp bei 3000/min (44 PS: 3,7 mkp bei 9000/min). Ansonsten handelte es sich nach wie vor um denselben kernigen Zweizylinder, dessen auf- und absausende Kolben in trockenen Laufbüchsen ihre Dienste verrichteten. Doch das Hubraumplus und die minimal modifizierte Optik waren nicht genug, um an die vorangegangenen Erfolge anzuknüpfen, die Zeit hatte die Euro-Twin überholt. Zuverlässig, aber langweilig zu sein reichte Mitte der Achtziger einfach nicht mehr aus. Sie wurde übrigens in Brasilien gebaut. Im Laufe ihrer ebenso kurzen wie ereignislosen Karriere entschieden sich lediglich 2994 Käufer für die CB mit dem traditionsreichen Namen.

Da die CB 450 N den Zeitgeschmack des voll auf Sport ausgerichteten Motorradmarkts haarscharf verfehlte, besserte Hamamatsu blitzschnell nach und stellte im Februar 1986 mit der CB 450 S ihren Nachfolger vor: zehn Kilogramm leichter und hundert Prozent schöner. Ins Auge stach vor allem der wunderschöne Gitterrohrrahmen, der dem technisch praktisch unveränderten Paralleltwin auf den Leib geschneidert worden war. Und auch wenn die Honda mit dem Rahmen in Ducati-Optik nicht so aussah: Dank der stärker dimensionierten Telegabel und der in Rollen gelagerten Kastenschwinge taugte die CB 450 S auch als Tourer. Die Ablösung der 450er Anfang der Neunziger erfolgte dann durch die CB 500, die letztlich zum 34-PS-Bestseller werden sollte.

Die Chopperversion von Hondas Mittelklasse-Bestseller CB 400 N stand bis 1984 im Programm. Die Technik war gleich, die Fahrleistungen leicht schlechter. 27 PS bei 7500/min, 0-100 km/h in 11,5 s, Spitze 135 km/h, DM 4879,-

Als Nachfolger der CB 400 N gescheitert: die in Brasilien gebaute CB 450 N. Sie kostete DM 5178,- (1984). (Foto: Hersteller)

Die erste CB 450 war noch eine Sensation gewesen, zwei Jahrzehnte später war es in erster Linie der knallrote Gitterrohrrahmen, der die CB 450 S auszeichnete. Die schönste Mittelklasse-Honda jener Jahre verfügte über den Zweizylinder-Dreiventilmotor der CB 450 N. 27 PS bei 7000/min, 0-100 km/h in 11,4 s, Spitze 141 km/h, DM 7063,-.

Serienmäßig mit Cockpitverkleidung und Sturzbügeln, später auch als RS (D) nackt lieferbar: CB 250 RS. Vor dem Ankicken musste die Fahrerfußraste weggeklappt werden. 26 PS bei 8500/min, 0-100 km/h in 9,7 s, Spitze 140 km/h, DM 4019,-

Hondas Enduro-Familie umfasste die Hubraumklassen 125, 185, 250 und 500 Kubik, meist in roter Lackierung lieferbar. Nach 1980 wurden die vorderen Kotflügel nach oben verlegt.

EINZYLINDER NUR FÜR AUSSENSEITER

Nur eine Außenseiterrolle spielten die weiteren 27-PS-Hondas. Zumeist handelte es sich dabei um Einzylinder-Konstruktionen, und nicht alle waren ursprünglich für Deutschland bestimmt gewesen. Die CB 250 RS vom Juli 1980 zum Beispiel war ursprünglich für den englischen Markt entwickelt worden, fungierte dann aber auch als Einstiegsmodell in Deutschland. Herzstück der 139 kg schweren RS (Road Sport) war der leicht modifizierte Vierventil-Single aus der XL 250 S mit offen 26 PS, in dem Jahr wurden ja 250er, ungeachtet der tatsächlichen Leistung, pauschal wie 17-PS-Motorräder behandelt. Es hat sie auch mit Cockpitverkleidung, kleinen Gepäckkoffern und Sturzbügeln gegeben.

Einzylinder waren in den Siebzigern typische Enduro-Motoren, und natürlich bediente Honda auch diesen Markt (der in den USA gewaltig war). Auch wenn sie hierzulande nicht allzuhäufig waren: Beim Motorradtreff hat man sie auch gesehen. Sie waren aber ziemlich selten. Honda-Enduros hießen mit Vornamen »XL«, und für den Weltmarkt haben die Japaner die gesamte Hubraumleiter hoch- und runterdekliniert. Einen ersten Offroader mit 27 PS hatte Honda 1979 mit der XL 500 S im Programm. Die hatte ein Vierventil-Single mit vibrationshemmender Ausgleichwelle, der offen 34 PS leistete. »Vibriert nur in bescheidenem Maße«, stellte ein Tester fest, und »überflügelt ihre Konkurrenten im mittleren und oberen Drehzahlbereich.« Damals ungewöhnlich: die Auspuffanlage mit zwei Krümmern, noch ungewöhnlicher allerdings das riesige 23-Zoll-Vorderrad. Zu ihren Schwachstellen gehörte die 6-Volt-Lichtanlage wie auch die Trommelbremsen. 1980 wurden diese vergrößert, doch die Bremsleistung blieb schlecht. Außerdem wurden, wie bei allen XL-Modellen, der vordere Kotflügel hochgelegt. Eine Stereoschwinge war normal, Zentralfederung (das Hebelsystem hieß bei Honda »Pro Link«) kam erst mit der R-Generation von 1982.

Der gelungene Motor fand sich auch in diversen Straßen-Maschinen, in der FT 500 von 1982 zum Beispiel. Die war, wie viele japanische Motorräder der frühen Achtziger, stark vom amerikanischen Motorradgeschmack geprägt und hatte etwas von einem Dirt-Track-Racer. Der Vierventilmotor stammte aus der XL 500 S, war aber für den Einsatz im Straßenfahrwerk überarbeitet und mit einem Elektro-Starter versehen worden. Im direkten Vergleich zur SR 500 war sie sicher das bessere Motorrad, wirkte aber zu seelenlos. Den gewünschten Klassiker-Touch hingegen wiesen die XBR 500(1985) und die GB 500 Clubman (1992) auf. Letztere war ein hübsche XBR-Variante mit klassischem Styling und »Tourist

Trophy«-Logo auf den Seitendeckeln, die so lange lieferbar war, bis die Restbestände aus den USA ausverkauft waren. Später wuchs der Single auf 600 und sogar 650 Kubik, gebaut vor allem auf Drängen der französischen Dependance für die Teilnahme an der damals noch jungen Rallye Paris-Dakar. Auch die Dominator-Reihe – NX – folgte eher französischen Supermoto-Vorstellungen. Es hat sie mit 650 und 250 Kubik gegeben, letztere dann mit 26 PS – ein zierliches, wieselflinkes Stadtmotorrad mit tollem Antritt.

Abb. rechts: Die FT 500 von 1982 stand für den Versuch, einen modernen Straßen-Single auf die Räder zu stellen. Die Technik steuerte die Halbliter-XL bei.

Die GB 500 gelangte nur auf Umwegen nach Deutschland. Die einsitzige Clubman wurde zunächst nur »grau« angeboten und war dann offiziell 1992/93 in zwei Leistungsstufen erhältlich.

Ein gelungener Allrounder mit nur wenigen Schwachstellen, und seit 1987 auch als XBR 500 S mit Speichenrädern lieferbar. Für den nötigen Vortrieb sorgte der Einzylinder-Vierventiler aus der XL 500. 27 PS bei 5.500/min, 0-100 km/h in 8,3 s, Spitze 150 km/h, DM 5638,-

Ihrer Zeit voraus: Die NX 250 war ein wieselflinkes Stadtmotorrad und mit 27 PS außerordentlich spritzig. Doch Deutschland war noch nicht reif für Supermotos.

DIE BROT UND BUTTER-MOTORRÄDER MIT DEM VAU

Wer in den 70ern eine 27-PS-Honda suchte, hatte zwangsläufig die CX 500 mit auf dem Zettel. Die »Güllepumpe« CX 500 gab ihr Debüt auf der IFMA 1976 und bot, neben der stark gewohnungsbedürftigen Optik, einen feinen, flüssigkeitsgekühlten V-Motor mit vier Ventilen samt Kardan. Verzögert wurde vorn über zwei Scheibenbremsen, hinten genügte eine Trommelbremse. Temperamentvoll war sie nicht, und mit ihrer breiten, gestuften Sitzbank für eher zierliche Fahrer nicht wirklich bequem – mal ganz abgesehen, dass bei Bremsmanövern die Sozia (ja, Mädels waren damals fast nur als Beifahrerinnen anzutreffen) noch vorne rutsche und mit dem Helm an den Vordermann dozte. Also in der 27-PS-Version nur etwas für Genügsame, aber dank des Kardans von absoluter Unkaputtbarkeit und für ihre Zuverlässigkeit nachgerade legendär. Diesen Nimbus erreichte die Nachfolgerin – lassen wir mal die kurzlebige CX 500 E der frühen Achtziger außen vor – nie. Die hieß VT 500, hatte eine wesentlich schlankere Linie und einen wassergekühlten V-Motor, der diesmal aber quer, und nicht längs, eingebaut worden war. Übrigens war der Twin kein »echter« V-Motor, sondern hier rotierten die Pleuel mit 76 Grad Versatz um die Kurbelwelle - was trotz des sehr engen Zylinderwinkels von 52 Grad zu einer hohen Laufruhe führte. Den Gaswechsel steuerten insgesamt sechs Ventile, pro Brennraum gab es zwei Zündkerzen. Die Chopper-Ausführung mit dem Zusatz C stand zwischen 1983 und 1986 im Angebot und schmückte sich mit all den Accessoires, die damals bei einem Chopper für chic galten. Mit 27 PS war die VT aber etwas untermotorisiert, 50 PS sollten es schon sein. Alles in allem einer der besser gemachten Nippon-Softchopper, allerdings ziemlich erfolglos. Und dann gab es noch die NTV 650 vom April 1988. Die folgte der VT, hatte wieder eine Welle zum Hinterrad (in den USA gab es eine Ausführung mit Kette, hieß dann »Hawk«) und konnte sich einen ähnlichen Nimbus der Unzerstörbarkeit aufbauen wie die selige CX. Mit Koffern, Scheibe und mitunter auch Sturzbügeln von Fehling waren sie in ganz Europa anzutreffen – meist aber mit 50 PS.

Die Güllepumpe: Erstaunlich, dass ein solcherart polarisierendes Motorrad zu so einem gigantischen Erfolg werden konnte. Hondas Hightech-V2 bestach weniger durch optische, als vielmehr durch technische Besonderheiten und eine unbedingte Zuverlässigkeit. Lieferbar ab Frühjahr 1977, wurden weltweit über 300 000 Maschinen verkauft.

Die VT 500 E mit wassergekühltem V2-Motor, gekapselter Vorderbremse und Kardan sollte die CX-Reihe ersetzen. Der Erfolg blieb mäßig, nur 4500 Maschinen wurden verkauft. 50 PS bei 9000/min, 0-100 km/h in 5,8 s, Spitze 184 km/h, DM 6953,-.

Hondas CX 500 gab ihr Debüt 1977 und lieferte Stoff für endlose Debatten: Dem tollen Motor stand eine, gelinde gesagt, gewöhnungsbedürftige Optik gegenüber. Kleinere Fahrer wirkten auf dem breiten Sattel ziemlich verloren. Gab es mit 27 und 50 PS und in Rot und Blau.

Für 1982 wurde die CX-Reihe gründlich aufgewertet. Zur neuen Optik gesellte sich ein modifiziertes Fahrwerk mit Zentralfederbein.

Die Honda CX 500 Custom von 1979 war einer der besten und erfolgreichsten Softchopper der frühen Achtziger. Das Gesamtpaket überzeugte, auch wenn bei Geschwindigkeiten von über 110 km/h Mutige gesucht wurden.

Auch die Custom-VT hat man nur selten gesehen, 27-PS-Chopper blieben die Ausnahme. Immerhin: Sie war weitaus konsequenter gemacht als die halbherzigen Softchopper der ersten Generation.

Kein Bestseller: Die XL 350 R stand nur von 1985 bis 1988 im Programm. 27 PS bei 7500/min, 0-100 km/h in 9,1 s, Spitze 134 km/h, DM 5673,-

Die MTX 200 R bildete eine quirlige Alternative zu den weiterhin lieferbaren Viertakt-Enduros der XL-Serie. Mit 230 mm Federweg an der Gabel und 200 mm am Hinterrad war sie für anspruchsvolle Geländepassagen bestens gerüstet. Nur in den ersten beiden Baujahren verfügte sich über einen einfachen Rohrrahmen. 27 PS bei 7500/min, 0-100 km/h in 9,5 s, Spitze 121 km/h, DM 4598,-.

HONDA FÜRS GROBE

Eine auch noch so kurze Geschichte der 27-PS-Hondas wäre ohne einen zumindest kurzen Ausflug ins Grobe unvollständig. Honda hat neben den XL-Enduros (von denen es auch Straßenableger gab) Mitte der Achtziger auch Raritäten wie die XL 350 R und die zweitaktende MTX 200 R präsentiert. Hierzulande gehörten sie in die Rubrik »Haste nicht gesehen«. Alles andere als kurzlebig hingegen war die Enduro mit dem Vau: Die Transalp, offiziell auf die Bezeichnung XL 600 V getauft, stand über ein Jahrzehnt im Honda-Programm und war die erste richtige Reiseenduro der Marke.

Als die Transalp im Spätjahr 1986 präsentiert wurde, sah sie mehr als ungewohnt aus. Die Lenkerverkleidung, die schien sie geradeswegs von der Paris-Dakar-Gewinnern geerbt zu haben, den Motor dagegen kannte man aus den Straßen-VT. Das 21-Zoll-Vorderrad wies wiederum Enduro-Dimensionen auf, ebenso die Sitzhöhe mit 850 Millimetern, doch Enduro-untypisch das Vorderradschutzblech, das direkt über dem Reifen thronte. Für eine Enduro auch eher dürftig geraten: die Federwege, vorn waren es 200 Millimeter, und am Zentralfederbein standen 187 Millimeter zur Verfügung. Dieses Motorrad passte in keine der gängigen Schubladen, eine direkte Konkurrenz war nicht auszumachen, es sei denn BMW mit der R 80 G/S. Die neue Transalp präsentierte sich als gelungene Kreuzung aus Tourer und Enduro, wenn auch ohne Welle: Aus Gewichtsgründen rollte die Transe ohne den Kardanantrieb der Halbliter-VT vor, eine O-Ring-Kette reichte die Kraft an das 17-Zoll-Hinterrad weiter. So präpariert, kam der XL-Treibsatz auf 58,5 Kilogramm und war damit rund sechs Kilogramm leichter als der VT-Twin.

Motor und Fahrwerk – Einschleifen-Rohrrahmen aus Stahlprofilen mit geteilten Unterzügen aus Rundrohr, Telekopgabel vorn mit 41-mm-Standrohren und Pro-Link-Hebelsystem hinten – zeigten sich allen Belastungen gewachsen, Laufleistungen von 100 000 Kilometern und mehr ohne größere Defekte wurden für die Transalp beinahe schon alltäglich.

Mit gefülltem 18-Liter-Tank brachte die XL 600 V 205 Kilogramm auf die Waage. Das zulässige Gesamtgewicht lag bei 369 Kilogramm, wer größere Touren zu zweit unternehmen wollte, tat gut daran, etwas weniger Gepäck mitzunehmen. Am wohlsten fühlte sich die Transalp auf kleinen und mittleren Landstraßen und in fast beliebiger Schräglage wieselte die Enduro um die Ecken – »dirigiert die vier Zentner schwere Maschine mit der 80 Zentimeter breiten Lenkstange beinahe so spielend wie eine Einzylinder-Enduro«, wie die Zeitschrift *Tourenfahrer* feststellte. Und Motorrad ergänzte: »Auch wenn die großen Einzylinder subjektiv den temperamentvolleren und kraftigeren Antritt haben, zeigt der V2 den längeren Atem. Sauber nimmt er ab 2500/min Gas an und dreht geschmeidig bis in den roten Bereich ab 8800.«

Im Laufe der Jahre ließ Honda der Reiseenduro eine ganze Menge Modellpflege angedeihen, die den Gebrauchswert der Transalp noch erheblich steigerten. Rund ein Jahr nach der Premiere wurde die für 8450 Mark (in 27-PS) bzw. 8700 Mark (50 PS) angebotene XL mit einem Seitenständer mit Kontaktschalter ausgerüstet. 1989 folgten Getriebemodifikationen, die das Fünfgang-Räderwerk noch weicher mahlen ließ, Gummidämpfer für die Soziusrasten, was die Vibrationen jenseits der 6000 Touren verringerte. Neu auch Kipphebel, Ventile und Federn im Zylinderkopf. Gleichzeitig wuchs die Verkleidungsscheibe um 60 mm nach oben, bei der Gelegenheit gab es auch ein modifiziertes Cockpit. Gekapselte Nadellager an der Kastenschwinge und ein neues DeCarbon-Federbein rundeten die Modellpflege ab. Seit dieser Zeit gab es übrigens auch, wenn auch gegen Aufpreis, einen Hauptständer. Zwei Jahre später, 1991, wich die Trommelbremse hinten einer Scheibenbremse mit Einkolbensattel und 240 mm Durchmesser, und überdies gab es modifizierte Endtöpfe. Wiederum zwei Jahre darauf war die Transalp dann anstatt mit 27 PS bei 6000/min mit 34 PS bei 7000/min lieferbar.

Mit der XL 600 V Transalp konzipierte Honda eine vielseitige Reiseenduro mit prägnanter, rahmenfester Verkleidung. Sie kam auf eine Bauzeit von rund 12 Jahren. (Foto: Hersteller)

KAWASAKI

Für den japanischen Großkonzern, der so ziemlich alles von der Lok bis zur Weitraumrakete baut, diente der Motorradbau in erster Linie als Aushängeschild für das Gesamtunternehmen. Daher hatte der Industriegigant gar keinen Ehrgeiz, alle Hubraumgrößen, Typen und Nischen zu bedienen. Es ging um's Image, und da gaben in den Siebzigern, zumindest in Europa, die schnellen Zweitakter und die großen Vierzylinder die Richtung vor.

Böser Drilling: Weil zur Einführung der neuen Versicherungsklasse noch einige Dreizylinder auf Halde standen, wurden die Restexemplare der KH 400 in die 27-PS-Klasse gestopft. (Foto: Hersteller)

BRAVE TWINS, WILDER DRILLING

Daher waren in der 27-PS-Klasse Kawasakis Twins die Ausnahme, der typische Kawafahrer stieg höher ein. Denn sonderlich überzeugend fielen die ersten 400er des Hauses zunächst nicht aus, in Deutschland, so hatte man den Eindruck, wurden sie nur angeboten, um nicht ganz und gar den anderen das Feld zu überlassen: 1978 machten die 27-PS-Maschinen nicht mehr als etwa 17 Prozent im Modellmix aus, und auch später lag er nie über maximal 28 Prozent.

Den Auftakt bildete die Z 400 von 1974. Sie war ein Parallel-Zweizylinder alter britischer Schule und sollte in erster Linie den erfolgreicheren Twins der anderen japanischen Marken Konkurrenz machen. Die bullige 400er hatte in der ersten Ausführung, die zwischen 1974 und 1977 verkauft wurde, 36 beziehungsweise 27 PS und Fünfgang-Getriebe. Die darauf folgenden B-Modelle verfügten über sechs Fahrstufen sowie, ab 1979, über Gussräder. Zum Modelljahr 1978 wurde der Kawasaki-Twin erheblich überarbeitet und lief unter der Bezeichnung Z 400 G weiter, Absatzzahlen und Temperament blieben mau.

Das galt nun für die zweite 400er jener Jahre überhaupt nicht: Diese KH 400 gehörte zu den legendären Zweizylinder-Modellen der Marke und hatte ihre Karriere 1974 als 400 S3 begonnen, zunächst mit 40 PS bei 7000/min. Als Kh 400 hatte sie dann 36 PS und wurde dann, um die kaum mehr gefragte Zweitakter endlich abzuverkaufen, schließlich auf 27 PS gedrosselt beziehungsweise ein entsprechender Umrüstsatz entwickelt. Inzwischen hatte der japanische Konzern für den Deutschland-Import eine eigene Firma gegründet. Und die Prospekte erschienen nun in deutscher Sprache.

1980 wurde die Z 400 durch die Z 440 abgelöst. Während die Modelle bis 1982 in der Optik an die erfolgreichen großen Vierzylinder-Typen erinnerten, wurden die H1/H2-Typen von 1982/83 deutlich klassischer gehalten. Größere technische Änderungen gab es während der gesamten Bauzeit nicht, sieht man einmal von der Einführung einer Transistorzündung ab. Alles in allem eine kreuzbrave 27-PS-Maschine ohne große Stärken und noch weniger Schwächen. Gab es später auch als Softchopper 440 LTD sogar mit Zahnriemen zum Hinterrad. Diese Technik, Anfang der 1980er in den USA populär geworden und zum Beispiel auch bei Suzuki verwendet, hieß bei den Grünen »Belt Drive« und kennzeichnete eine der erfolgreichsten und beliebtesten 27-PS-Kawas der Achtziger an: die GPz 305. Angetan mit dem

In Anbetracht der bisherigen Kawasaki-Linie, möglichst sportliche Maschinen mit viel PS zu bieten, wirkte der OHC-Twin der Kawasaki Z 400 von 1974 überraschend bieder.

typisch rot-schwarzen Trainingsanzug der großen GPz-Kawasakis, reihte sich das über Gasschieber auf 27 PS gedrosselte Bike in die GPz-Mannschaft ein. Mit Unitrak und Belt-Drive galt sie, mit Wohlwollen betrachtet, als nette Anfängermaschinchen. Nicht billig, aber solide, gehandicapt durch hohen Wartungsaufwand und kurze Serviceintervalle: Alle 3000 Kilometer zur Werkstatt? Das ging doch arg in`s Geld. Die ungewöhnliche Hubraumgröße hing übrigens mit dem amerikanischen Markt zusammen.

Mitte der Achtziger stellte Kawasaki dann seine Motoren auf Flüssigkühlung und vier Ventile pro Zylinder um; für Furore sorgte zur IFMA 1984 die GPZ 900. Natürlich war die Motorenbaureihe als Baukasten konzipiert worden, und die LTD 450 (1985) hatte so ein halbiertes GPZ-900-Aggregat. In der Originalversion 50 PS stark, war die Leistung auf 27 PS gedrosselt worden. Optisch sollte sie die halbherzigen Softchopper-Versuche der frühen 80er vergessen machen. Sie war von Anfang an auch als Chopper konzipiert worden – also keine umgestrickte Straßenmaschine – und gefiel durch saubere Verarbeitung und die klug durchdachten Details. Die alten Paralleltwins wirkten aber irgendwie authentischer, weniger nach Dorf-Disko. Auch hier, wie alle Chopper jener Jahre: kaum verkauft. Doch der Motor kam dann in der GPZ 500 S zur IFMA 1986 ganz groß raus.

Während in der 27-PS-Klasse die Konkurrenz mindestens mit 400ern antrat, wählte Motorrad für seinen Vergleichstest Anfang 1979 die Z 250 und nicht die Z 400 aus. Mit 4296 Mark war sie die günstigste im Testfeld. 27 PS bei 9200/min, 0-100 km/h in 16,5 s, Spitze 145 km/h.

Allerdings zeigte sich auch hier das Fahrwerk von der Motorleistung überfordert. Bis zur 27-PS-Drosselung hatte die Kawa 36 PS bei 8500/min

Kawasakis Einsteiger-Modell mit dem überaus handlichen 16-Zoll-Fahrwerk war in drei Leistungsstufen lieferbar und so gut gelungen, dass erst 1994 eine größere Modellpflege erfolgte, sieht man einmal von der zweiten Scheibenbremse im Vorderrad ab. Die kam nämlich schon 1988. Der sehr kompakte Twin kam als echtes Einsteiger-Bike auf eine längere Bauzeit als jede andere in Deutschland angebotene Kawa und erlebte noch den Übergang von der 27- zur 34-PS-Klasse. Wie bei den meisten Kawas sollten GPZ-Eigner nicht zu massig und am liebsten solo unterwegs sein. Um Beifahrer komfortabel unterzubringen, gab es Geeigneteres.

Für den überaus wichtigen Heimmarkt boten alle japanischen Hersteller Vierzylinder-Vierhunderter an, die – Platz ist in der kleinsten Nische – zum Teil auch nach Deutschland exportiert wurden. Kawasakis Aufgebot für 1980 nannte sich Z 400 F, war – abgesehen vom Hubraum und der Trommel- statt der Scheibenbremse im Hinterrad – praktisch baugleich mit der schon bekannten Z

Kawasaki Z 400 F, 1979: Konzipiert für den japanischen Markt, erschien die 27-PS-Four 1979 auch in Deutschland. Sie blieb vier Jahre.

Der Z 440 löste zur Saison 1981 die Z 400 ab. Die Hubraumvergrößerung tat der 27-PS-Kawasaki richtig gut, sie bot jetzt einen fülligeren Drehmomentverlauf. 27 PS bei 7000/min, 0-100 km/h in 9,6 s, Spitze 142 km/h, DM 4920,- (Foto: Hersteller)

Der Twin der GPZ 500 S war ein halbierter RX-Vierzylinder im neuen Vierkant-Stahlrohrrahmen. Ursprünglich war er in drei Leistungsstufen mit 27, 50 und 60 PS zu haben, später kam auch eine 34-PS-Version. 27 PS bei 8500/min, 0-100 km/h in 10,7 s, Spitze 145 km/h, DM 8190,-

Viel Aufwand für wenig Hubraum: GPz 250 und 305 verfügten über Zweizylinder-Triebwerke. Die 250er hatte 17, die 300er 27 PS. Nach 1985 führte ein Zahnriemen nach hinten. 27 PS bei 10.000/min, 0-100 km/h in 8,3 s, Spitze 152 km/h, DM 4930,-

Der halbe GPZ-900-Motor war hierzulande lediglich in Chopper-Verpackung mit viel »Chrom-Pofel« (so hätte »Klacks« dazu gesagt) zu haben. Schade drum. (Foto: Hersteller)

500 und hatte hierzulande 27 anstelle der originalen 43 PS. Die Z 400 F stand bis 1983 im Programm, danach erschien sie mit Unitrak-Fahrwerk und Rechteck-Scheinwerfer im aktuellen GPZ-Look. 1985 hat man sie ein letztes Mal aufgewertet, mit 18-Zoll-Vorderrad, Halbschale und Anti-Dive-System versehen und auch mit 50-PS-Umrüstkit angeboten. Damit rückte sie aber der 550er zu nahe. Dennoch: Von allen Vierzylinder-Vierhunderten jener Jahre war sie sicher die beste (und die schönste sowieso).

»Dieses Motorrad kommt optisch den Vorstellungen deutscher Käufer vom »American way to ride« sehr nahe«, schrieb Motorrad im Test der 440 LTD. 27 PS bei 7000/min, 0-100 km/h in 10,5 s, Spitze 137 km/h, DM 5020,-

CHOPPER ODER CRUISER?

Kommen wir zu den 27-PS-Exoten aus dem Kawasaki-Konzern, zu jenen Maschinen, die kein anderer japanischer Hersteller anzubieten sich traute: Sprechen wir über die Eleminator, ein Bike, von dem wir noch nicht einmal ahnten, dass uns so etwas gefehlt hatte. Die EL 250 von 1988 gehörte zur in den USA erfolgreichen Eliminator-Reihe und war, wie diese, eine Mischung aus Dragster und Chopper mit Stufensitzbank, langem Radstand und fetter Walze hinten. Herzstück war ein flüssiggekühlter Zweizylinder-Viertakter mit 248 cm³ Hubraum, der im Ausland 36 PS stark war, in Deutschland aber in der 27-PS-Klasse an den Start ging. Für den routinierten Motorradfahrer nur als Zweitmotorrad interessant, bot der leer 157 kg schwere Mini-Dragster das, was anscheinend viele Einsteiger und Fahrschulen suchten: Optik, Handling und eine niedrige Sitzhöhe.

Niedrige Sitzhöhe? Das ließ sich von KLR 600 von 1984 nicht behaupten. Das war die erste Kawasaki-Enduro, die das Zeug hatte, der Konkurrenz Paroli zu bieten. Der moderne Viertaktsingle – der größte Einzylinder, den das Werk bislang gebaut hatte – war mit Flüssigkeitskühlung, Vierventilmotor und zwei Ausgleichswellen auf der Höhe der Zeit. Vollgetankt 155 kg schwer, war der Single die leichteste Enduro im Vergleichsfeld. Ein Elektrostarter kam im Jahr darauf an Bord, da es bei heißem Motor sehr schwierig war, die KLR per Kickstarter zum Leben zu erwecken. Die Nachfolgerin mit 650 Kubik erschien dann Ende 1986. Mit dem reichlich vorhandenen Plastikbeiwerk an Tank und Lenker driftete sie in Richtung Großenduro. Dazu passte der massige23-Liter-Tank. Der kultivierte Einzylinder wurde aber auf 27 PS kastriert – rund 15 PS blieben auf der Strecke – was der Fahrfreude nicht gerade zuträglich war. Zwei Jahre später, zur IFMA 1988, erschien, daraus abgeleitet, die Reise-Enduro »Tengai«.

Obwohl Kawasaki schon 1982 eine Halbliter-Enduro präsentiert hatte, kamen die Grünen erst zur IFMA 1984 damit nach Deutschland, dann aber mit 600 Kubik. Mit ihrem Alu-Rahmen war die KLR die leichteste Viertakt-Enduro Mitte der Achtziger. 27 PS bei 6000/min, 0-100 km/h in 7,6 s, Spitze 130 km/h, DM 6550,-

Aus der KLR 600 wurde, mit Zwischenstation über die KLR 650, die Tengai. Die Drosselung auf 27 PS erfolgte über die Vergaser-Gasschieber.

Hatten wir ein solches Motorrad vermisst? Wahrscheinlich nicht. Die EL 250 war aber als Fahrschulmotorrad ideal. (Foto: Hersteller)

SUZUKI

Zu den stärksten Anbietern im 400er Segment gehörte Suzuki. Japans Nummer drei hatte zur IFMA 1976 mit den GS-Modellen die ersten Viertakter der Marke vorgestellt, mit zwei und mit vier Zylindern. Bis dahin stand die Marke für sauschnelle Zweitakter. Die hatte es mit zwei und drei Zylindern gegeben und Hubräumen von 250 bis 38ß Kubik. »GT« hießen sie alle, waren schlitzgesteuert, hatten sechs Gänge, Getrenntschmierung und Luftkühlung. Und optisch waren sie sich sowieso sehr ähnlich.

ZWEI TAKTE, DREI ZYLINDER

Die Viertelliter-Baureihe namens GT 250 gelangte 1973 nach Deutschland und erhielt, je nach Baujahr noch die Zusatzbezeichnungen J, K, L, M, A oder B. In den meisten Fällen beschränkte sich der Unterschied auf optische Retuschen, neue Designs und geänderte Leistungsangaben. Wichtigster technischer Unterschied der anfangs mit bis zu 32 PS angegebenen Suzuki war die Ram-Air-Lufthutze, die allerdings mit dem A-Modell (1977) wieder entfiel. Gewicht (155 kg), Leistung (145 km/h) und der überraschend elastische Motor sprachen für diese 250er, dagegen die Lichtmaschine, Schwingenlager, Vibrationen und die hintern Federbeine. Im 27-PS-Vergleichstest des Jahres 1977 belegte die GT unter zehn Teilnehmern den vorletzten Platz: Nervöser Motor und hartes Fahrwerk passten nicht mehr in die Zeit. Die letzte Viertelliter-GT war dann die GT 250 X7 von 1978. Die war nicht mehr schlitzgesteuert, sondern

Die GT 250 Sport hatte Halbschale, Stummellenker und H4-Scheinwerfer, entsprach aber ansonsten den normalen GT250 A/B. Mit diesen Sport-GT wollte der Importeur die Restbestände abbauen; nach Erscheinen der GS 400 waren die 27-PS-GT nicht mehr gefragt.

Abb. links und rechts: Jahrelang war Suzukis GT 250 das Maß aller Dinge in der Viertelliterklasse. Gleichzeitig war sie die erste Suzuki mit Doppelschleifen-Rohrrahmen und Sechsganggetriebe. Im Bild eine GT 250 von 1974 mit Ram-Air-Lufthutze, sie hatte noch 24 PS. Die fast identische Nachfolge-GT mit 27 PS verzichtete auf die Haube.

per Reed-Ventil reguliert, was für eine kultiviertere und gleichmäßigere Kraftentfaltung sorgte. Verwertbare Leistung stand schon ab 3000/min zur Verfügung. Mit der X7 brachte Suzuki das leichteste und schnellste Viertelliter-Motorrad auf die Straße. Das Kampfgewicht des 27-PS-Fegers lag geradeмal bei 160 Kilo, entsprechend auch die Spitze von rund 150 km/h (der Tacho ging allerdings heftig vor und zeigte über 160 an). Schade eigentlich, dass sie 1981 wieder verschwand. Kurz zuvor war die GT 380 verblichen.

Die war, bis auf den Hubraum, mit der GT 550 identisch gewesen, und in beiden Fällen handelte es sich um

Suzukis GT 380 stand zwischen 1972 und 1980 im Programm, so lange wie kein anderes GT-Modell. Zur Einführung 34 PS stark, wurden die GT nach 1977 auf 27 PS umgerüstet.

Zweitakter, die ursprünglich als Gegenstück zu den Kawasaki-Triples konzipiert worden waren: Dreizylinder mit horizontal teilbarem Kurbelgehäuse, Einzelzylinder und gemeinsamer Zylinderkopf mit Ram-Air-Hutze, Fünfganggetriebe und E-Starter. Nach 1973 Scheibenbremse, und ab 1977 mit 27 PS lieferbar. Dennoch nur geringe Nachfrage, die Restbestände der bereits seit 1978 eingestellten Modellreihe wurde über Großimporteure wie etwa Hein Gericke bis 1980 verramscht, zuletzt für 3998 Mark.

Auch hier: Die Zweitakt-Drillinge (schwarze Seitendeckel = B-Modell von 1977, letztes Baujahr) waren, selbst auf 27 PS gedrosselt, kaum mehr zu verkaufen.

Durch die 250er-Sonderregelung (nur für 17 PS zahlen, 27 PS haben) fand sogar die GT 250 X7 noch einige Käufer. Foto von der Schweizer Premiere im Februar 1979 auf der »Züspa«, der Schweizer Motorrad- und Veloausstellung in Zürich. (ETH-Bibliothek Zürich, Bildarchiv / Jules Vogt / Com_LC1517-001-003 / CC BY-SA 4.0)

»Brüder der Zweiradzunft! Das ist ein besonders flotter Vertreter seiner Gattung!«, so lautete der Suzuki-Prospekttext zur X 7. Da sich trotzdem der Erfolg nicht einstellte, wurde eine weiße X 7-Serie auf Kiel gelegt. Jeder Händler erhielt drei Stück.

VIER TAKTE, 400 KUBIK. ODER AUCH NICHT.

Die Premiere der ersten Suzuki-Viertakter erfolgte zur IFMA 1976, der Serienanlauf dann im Dezember. Gezeigt wurden ein Zwei- und ein Vierzylinder mit 400 beziehungsweise 750 Kubik, jeweils mit Dohc-Steuerung - Ventilbetätigung über Tassenstößel -, zahnradgetriebene Ausgleichswelle und Sechsgang-Getriebe. Die ersten in Deutschland ausgelieferten Twins Maschinen hatten Speichenräder und 34 PS, ab Mai 1977 gab es die GS 400 dann mit versicherungsgünstiger Drosselung. Im großen 27-PS-Vergleichstest kam die unglaublich kultivierte Suzuki auf einen zweiten Platz, nur knapp geschlagen von der Yamaha XS 360. Die einzige wesentliche Modellpflege erfolgte zur Saison 1979, als die Suzuki ein neues Aufkleberdesign und Gussspeichenräder erhielt und, auf anderen Märkten, 425 Kubik. Außerdem gab es eine auf 500 Exemplare limitierte Sonderserie namens »Black Suzi«.

Natürlich war die neue Motorenreihe als Baukasten ausgelegt worden und nahezu nach Belieben skalierbar und in Sachen Hubraum beliebig nach oben oder unten erweiterbar, je nach Markterfordernissen. Und anderen Märkten, siehe Österreich, war die deutsche 27-PS-Klausel egal. Da galten andere Kriterien. Das führte zur Halbliter-Maschine GS 500 E mit Vierzylinder-Motor. Die wurde zwar zeitgleich mit der 550er vorgestellt, kam aber erst 1979 nach Deutschland. Nur der Schriftzug auf dem Seitendeckel (und das Kolbenmaß) unterschieden die beiden Halbliter-Suzis voneinander. In der Originalversion 45 PS stark, wurde die GS mit aller Gewalt in die 27-PS-Klasse gestopft. Ausstattung, Fahrwerk - und damit auch das Gewicht - entsprachen aber der 50 PS starken 550er, so dass die Marketingexperten kaum Argumente fanden, um dieses schöne, aber im Grunde genommen überflüssige Motorrad zu bewerben. Entsprechend waren auch die Absätze, denn im Modellprogramm gab es nun ein solches Durcheinander, dass zeitweise bis zu acht verschiedene 27-PS-Modelle auf den geneigten Suzuki-Käufer warteten. Da musste eine Vierzylinder-500er einfach untergehen.

TECHNIK UND TEST
Suzuki GS-Motoren zerlegt

Nahe Verwandtschaft

Die Motoren der Suzuki GS 400 und GS 750 sind sich äußerlich so ähnlich, daß der kleinere Zweizylinder nur wie eine Hälfte vom Vierzylinder erscheint. Doch die konstruktiven Unterschiede schränken die Zahl der gemeinsamen Bauteile im Motorinnern ein.

Die Verwirrung begann mit den GSX-Twins des Jahres 1980. GSX stand bei Suzuki für vier Ventile pro Zylinder, und die gab es mit 250 und 400 Kubik. Die kleinere, die GSX 250 E, wurde nur im ersten Jahr mit 27 PS ausgeliefert, denn wegen einer typisch deutschen Sonderregelung kostete sie soviel wie eine 17-PS-Maschine. In Optik und Technik entsprach sie der größeren GSX 400-Reihe, was ein ziemlich eckiges Motorrad ergabs und die alte Designer-Weisheit bestätigte: Hässlichkeit verkauft sich schlecht. 1982 kam eine neue Tank-Sitzbank-Linie im Katana-Style; Hans A. Muth und Target-Design hatten sie gezeichnet. Die S-Version des Vierventilers hatte eine Cockpitverkleidung, die L-Variante entpuppte sich als Softchopper. So hätte es weitergehen können, doch im Suzuki-Programm gab es auch noch gleich aussehende Maschinen mit dem alten Zweiventiler, aber 450 Kubik.

Die gab es ebenfalls mit 27 PS, aber 39 PS waren zumindest möglich. Verschiedene 450er-Varianten – mal als Chopper, mal in Straßenausführung – irrlichterten im Verlauf dies Jahrzehnts mal

Die neue Viertakt-Generation von Suzuki erschien zur IFMA 1976. Den Anfang machten die GS 750 als Vierzylinder und die GS 400 mit zwei Töpfen. Sehr filigrane Maschinen und extrem haltbar – sie hätten »overquality«, räumte ein Suzuki-Manager später ein.

Die zweizylindrige GS 400 (offen 34 PS stark) entwickelte sich rasch zu einem beliebten Einsteigerbike und überzeugte durch ein hohes Maß an Fahrkultur. Netter Gag: die Ganganzeige im Cockpit. Feines Fahrwerk! 27 PS bei 7400/min, 0-100 km/h 8,7 s, Spitze 150 km/h. DM 5050,- (1979).

mit 27, mal mit 42 PS durch das Programm, 1988 war dann endgültig Schluss mit dem Durcheinander: Dann nämlich kam die GS 500 E. Die entwickelte sich zum Dauerbrenner im Suzuki-Programm. Der Twin, dessen konstruktive Wurzeln bis zur GS 400 zurückreichen, rollte in zwei Leistungsstufen vor, mit 27 PS bei 8000/min oder 46 PS (bei 9200/min); ab 1994 gab es die GS 500 E auch mit 34 PS. Die handliche 500er entwickelte sich rasch zum Liebling aller Fahrschulen und Motorrad-Einsteiger. Größere Modellpflegemaßnahmen fanden nicht statt, sie wurde zwei Jahrzehnte lang gebaut.

Ende der 70er Jahre litt Suzuki natürlich auch unter dem Honda-Yamaha-Krieg, in dem die beiden Giganten den Markt mit immer neuen Modellen überschwemmten. Suzuki Deutschland versuchte, mit Sondermodellen dagegen zu halten. Diese Anzeige wirbt für die Black Suzi, es gab noch die Red Suzi (eine GS 550), eine Silver Suzi (GSX 750) und eine Black Hawak (GSX 250).

Kennzeichen E: 1979 rüstete Suzuki seine Viertakt-Modelle auf Gussräder um und versah sie mit der Zusatzbezeichnung »E«. Dazu kam ein neues Design mit blockigen Zierstreifen.

Alle GS besaßen eine nadelgelagerte Schwinge – eine „rare Kostbarkeit“, wie die Motorradpresse schrieb – auch die GS 500 E, eine 45-PS-Four, welche durch die 27-PS-Regelung erdrosselt wurde. Das feine Fahrwerk half ihr nicht.

Die Qual der Wahl: GS 450 und GSX 400 waren ohne den Blick auf den Motor nicht zu unterscheiden. Dementsprechend verwirrt reagierten die Kunden, denen identische Modelle angeboten wurden.

Kennzeichen der 450er-Modelle waren die runden Nockenwellendeckel; bei den GSX waren sie eckig. Die 450er leisteten offen 42 PS, zeitweise waren sie, je nach Baujahr, mit 27 PS zu haben.

Schon besser: Die GSX-Technik in gemäßigte Katana-Optik verpackt, war eine Wohltat für's Auge. Kleine Fahrer saßen allerdings unbequem, der Lenker war ungünstig gekröpft. Unübersichtlich war natürlich auch Suzukis Angebot an 400ern und 450ern.

Die GS 500 trat die Nachfolge der GS 400/450 an. Der Twin ging maßgeblich auf das Betreiben von Suzuki Deutschland zurück, der vehement ein preisgünstiges Einsteigermodell gefordert hatte. Mit Erfolg, die für Jahre meist verkaufte Suzuki in Deutschland wurde zu einem Bestseller auch in anderen Ländern. 27 PS bei 8000/min, 0-100 km/h in 9,3 s, Spitze 147 km/h, DM 6540,-

SCHMALHANS: DIE SUZUKI-SINGLES

Überschaubar hingegen war das Angebot an 27-PS-Singles. Suzukis erste Einzylinder-Viertaktenduro hieß SP 370, kam im April 1978 und sollte Yamahas XT 500 das Leben schwer machen. Zwar hatte sie nur 369 Kubik, aber mindestens 27 PS bei lediglich 135 Kilo (15 weniger als Yamahas XT 500). In den ersten Tests war sogar von 33 PS die Rede. Nach der deutschen Typprüfung blieben davon aber nur 26 PS übrig, und selbst da wusste keiner, wo die sein sollten: 24 PS kamen der Wirklichkeit wesentlich näher. Kurzum: Wie bisher bei jeder Suzuki-Enduro war die Optik nur Mittelmaß, der Hubraum zu schmal und die Fahrleistungen zu schwach – wer für 27 PS zahlte, durfte mehr verlangen. Die SP entwickelte sich zum Ladenhüter, die letzten wurden dann mit anderen Vergasern auf 17 PS gedrosselt und hießen dann SR 370, wobei pikanterweise Yamaha die Bezeichnung SR für Choppermodelle nutzte.

Eine glücklichere Figur gab auch die GN 400 nicht ab. Die hatte den SP-Motor und eine So-la-la-Optik, wo wieder kein Mensch wusste, was für ein Motorrad das denn nun sein sollte. Straßenmaschine? Chopper? SR-500-Konkurrent? Und dann die unterirdische, von der Enduro übernommene 6-Volt-Elektrik? Es gab keinen Grund, ausgerechnet diese Möhre zu kaufen. Hätte vielleicht als Beiboot zum Wohnmobil gepasst, war aber dafür gut zwei Jahrzehnte zu früh am Start.

Der Motor fand sich übrigens auch in der DR 400 S, dem Nachfolger der SP/SR 370 in der Optik der Wettbewerbscrosser. Auch die ging in der Masse der neuen Motorradmodelle unter, und der zur Jahresmitte 1981 präsentierten DR 500 ging es nicht anders. Zu den Neuerungen gehörten, neben dem Hubraumplus, vor allem die Vierventil-Technik sowie die beiden kettengetriebenen Ausgleichswellen. Kein Temperamentsbündel, aber immerhin keine Blamage, wenn man damit beim Motorradfahrertreff aufkreuzte.

Die 1984er Enduro DR 600 S hatte schließlich mit den alten DR-Töpfen nichts mehr zu tun, beim Einzylinder-Triebwerk mit zwei Ausgleichswellen handelte es sich um eine Neukonstruktion. Im Gegensatz zur Enduro-Konkurrenz verfügte die Suzuki über eine Nasssumpfschmierung und einen großen Ölkühler. Das 2,3 Liter fassende Reservoir saß unter dem Motor, vielleicht mit ein Grund für die enorme Sitzhöhe von 925 Millimetern. Der Kamelbuckeltank schluckte 20 Liter. 1986 erschien mit der DR 600 R dann eine weitere DR-Variante, die – technisch identisch – durch Features wie Windschild, Lampengitter und Bremsscheibenabdeckung aufgewertet worden war. Um den Grundmotor herum baute

Suzuki dann einen Chopper-Single auf, die LS 650. Der quadratisch ausgelegte Vierventiler war zunächst mit 27, ab 1994 offen mit 31 PS lieferbar. Die Startprozedur erleichtert ein Elektrostarter, die Weitergabe des Drehmoments an das 15-Zoll-Hinterrad erledigt ein Zahnriemen. Choppertypisch das Fahrverhalten: Gut auf der Geraden, nicht so toll in schnellen Kurven und in jedem Fall eine Qual auf schlechten Straßen. Zwischen 1986 und 1988 war die LS auch mit einem Flachlenker erhältlich.

Nur eine Randerscheinung bildete die TS 250 X, ein Crosser mit Straßenzulassung, zu haben Mitte der Achtziger: Ihr neu entwickelter Einzylinder verfügte über Wasserkühlung und ein Reed-Ventil samt Auslasssteuersystem, das im unteren Drehzahlbereich für mehr Drehmoment sorgen sollte. Allerdings kam die 127 kg leichte 27-PS-Enduro erst jenseits der 4500 Touren zur Sache, dann aber richtig. Im Verkauf spielte die TX allerdings keine Rolle, die Kunden interessierten sich viel mehr für die sportlichen Vierzylinder. Immerhin: Die konnte Suzuki anständig bedienen: Die GSX 600 F von 1986 mit klassenüblicher Kunststoff-Pelle hatte den luft-/ölgekühlten GSX-R-Motor. Bei unverändertem Hub hatte man die Bohrung von 70 auf 62,6 mm reduziert, was einen Hubraum von 599 cm³ ergab. Zum sportlichen Auftritt passten aber die anderen beiden Leistungsstufen – 50 und 86 PS – viel besser.

Buy British: Mit der GN 400 TD versuchte Suzuki, den Geist der »Westerwald-Motorräder« der 50er Jahre wieder aufleben zu lassen. Das Experiment misslang, der SR 500-Konkurrent gab nur ein kurzes Gastspiel.

Die DR 600 hatte mit den bisherigen DR-Enduros nichts mehr gemeinsam. Eine tolle Maschine, aber mit 925 mm Sitzhöhe nichts für Kurzbeinige. 27 PS bei 6200/min, 0-100 km/h in 6,1 s, Spitze 163 km/h, DM 6690,-

Suzukis erste Viertakt-Enduros waren viel zu schwach auf der Brust, um hierzulande erfolgreich zu sein. Von den versprochenen 27 PS blieben höchstens 24 übrig. Außerdem das Hubraummanko – nein, lieber gleich eine XT.

Mit der DR 600 S begann in Köln 1984 für Suzuki eine neue Zeitrechnung. Die Dakar-Ausführung hatte einen 21 Liter-Tank, Drehzahlmesser, Handprotektoren und Werkzeugtasche.

Die DR-Enduros der frühen Achtziger boten gegenüber den bisherigen Enduros deutlich verbesserte Geländeeigenschaften. 27 PS bei 7500/ min, 0-100 km/h in 9,2 s, Spitze 128 km/h, DM 5125,-

Von einer Harley träumen, aber Suzuki fahren: Deutschland entwickelte sich zum wichtigsten Absatzmarkt für die Einzylinder-Intruder LS 650.

YAMAHA

Japans Nummer zwei hatte zur IFMA 1964 seine Visitenkarte in Deutschland abgegeben. Die Marke war in den Siebzigern bereits etabliert und hatte stets glänzende Beziehungen zum Fachblatt Motorrad unterhalten. Auch weltweit lief es richtig gut für die Marke mit den drei Stimmgabeln im Logo, und sie versuchte, Honda als absolute Nummer Eins in der Weltspitze zu verdrängen – mit immer neuen Motorrädern, auf die wiederum Honda mit ebenfalls immer neuen Entwürfen antwortete. Das führte auch zu einer großen Vielfalt auf dem 27-PS-Sektor.

International mit 30 bhp ausgeliefert, entwickelte die DS-7 als Vorgängerin der RD 250 letztlich 24,5 DIN-PS. Die reichten für eine Höchstgeschwindigkeit von gut 135 km/h, die vom Werk angegebene Spitze von 160 km/h war utopisch.

DIE ÄRA DER ZWEITAKT-ZWILLINGE

Natürlich ist Yamaha mit seinen Zweitakter international groß geworden, und natürlich reifte die Yamaha-Konstruktion über mehrere Generationen, aber nur wenige Jahre hinweg zu absoluten Spitzenprodukten: Yamahas RD-Familie kannte wirklich jeder, der auch nur ein Fünkchen Interesse am Motorrad hatte. Die RD-Typen von 1973 (es gab eine 250er und eine 350er) unterschieden sich in erster Linie durch die Siebenkanal-Zylinder und den Membraneinlass von den bisherigen Typen und hatten ein Sechsganggetriebe, dessen oberste Fahrstufe aus zulassungsrechtlichen Gründen in Deutschland zunächst gesperrt war. Die RD verfügte über eine hydraulische Scheibenbremse am Vorderrad wie auch

Für 1973 kam eine neue Generation von Zweitakt-Motorrädern mit Membraneinlass, die, entsprechend des Hubraums, als RD 250 beziehungsweise 350 bezeichnet wurden. Die luftgekühlten Twins fielen zunächst mit Einführung der 27-PS-Klasse aus dem Importprogramm. Im Bild eine RD 350 von 1974.

Yamahas luftgekühlte Zweitakt-Twins standen bis 1980 im Programm und wurden ab 1977 mit 27 PS ausgeliefert. Typisch für die letzten RD 250: Gussfelgen und Streifendesign.

einen neuen Rahmen. Wichtige technische Änderungen gab es für 1976: Nachdem bereits im Vorjahr der sechste Gang freigegeben und die Leistung auf 32 PS gestiegen war, stattete Yamaha seine RD 250 mit einer hinteren Scheibenbremse aus. Dazu kamen ein neues Tankdesign sowie, ab 1977, Gussräder. Und natürlich 27 PS, wobei das nur für die Viertelliter-RD galt, die 350er fiel nämlich aus dem Programm und war durch die RD 400 ersetzt worden. Die hatte aber deutlich mehr als die von der Versicherung zugebilligte Leistung, und das galt auch für die nach 1980 gebauten Zweitakter mit dem Kürzel LC: 27 PS gab es nur für die Viertelliter-RD. Die punktete mit modernster Zweitakttechnik in Form von Membran-Einlässen, getrennten Zylindern mit Wasserkühlung und Kolben mit zwei Kolbenringen. Neben dem hohen Verbrauch gehörten die verschleißfreudigen Kunststoff-Schwingenlager zu den wenigen Schwachpunkten dieser Zweitaktraketen. Anders als die 250er erlebte die 350er zur IFMA 1982 eine Neuauflage, jetzt mit Auslasssteuersystem YPVS, neuem Fahrwerk und lenkerfester Verkleidung und Bugspoiler. Auf anderen Märkten hat es eine solche RD 250 LC gegeben, nicht aber hierzulande. Warum auch, mit seiner breit gefächerten Viertaktpalette in der 27-PS-Klasse bediente Yamaha eigentlich jeden Geschmack.

Zwischen 1980 und 1983 wurde die RD 250 LC verkauft, die letzte 27-PS-Yamaha, die nach dem Zweitakt-Prinzip arbeitete.

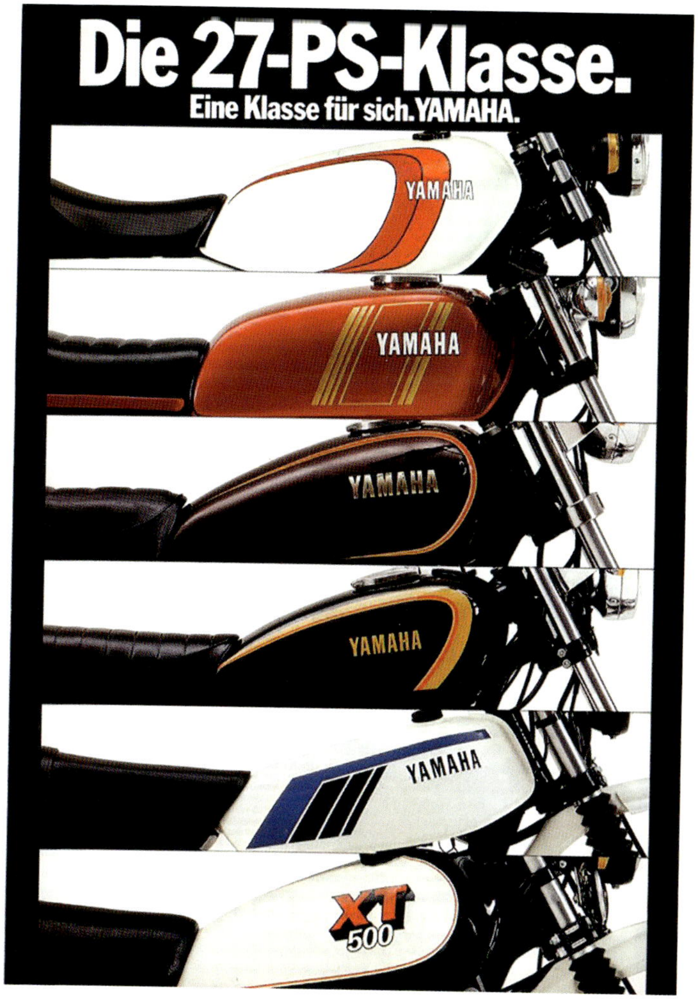

Yamaha versuchte Ende der 1970er, Honda als weltweit größten Motorrad-Hersteller zu überholen und fächerte sein Modellprogramm immer weiter auf. In der 27-PS-Klasse waren mitunter bis zu sechs verschiedene Modelle lieferbar: RD 250, XS 400, XS 400 SE, SR 500, XT 500 sowie die luftgekühlte DT 400.

Nach nur einem Jahr kam, als Antwort auf die neuen Euro-Hondas, die XS 400. Im Ausland 38 PS stark, lief sie hier mit 27 PS. Verzögert wurde per Scheibenbremse, dazu kamen die Gussräder.

Zeitweise meistverkaufte Yamaha war die XS 360. Die kam zur IFMA 1976 und wurde durch andere Nockenwellen von 34 auf 27 PS eingebremst. Ausgleichswellen hatte sie keine und vibrierte daher ein wenig mehr als etwa ein GS 400, erhielt aber in Tests nur die allerbesten Noten, auch, weil sie von Anfang an Scheibenbremsen vorn wie hinten besaß – das tat kein anderer Konkurrent in der 27-PS-Liga. Parallel zur XS 360 lancierte Yamaha auch eine 250er. Charakeristisch war das Design mit Blockstreifen, was der kantigen Yamaha einen unverwechselbaren Look gab. 1978 folgte dann die weiterentwickelte XS 400 – weniger kantig, dafür aber mit einem Quäntchen mehr Hubraum und neuen Vergasern, die für mehr Drehmoment in mittleren Lagen sorgten. Für das Modelljahr 1979 modifizierte Yamaha seinen 27-PS-Bestseller an Fahrwerk und Schaltgestänge, dazu kam ein von elf auf 16 Liter vergrößerter Tank. Außerdem wich die hintere Scheibenbremse einer Trommelbremse, überdies wurden ein breiterer Reifen (3.75 S 18 statt 3.50 S 18) sowie eine längere Schwinge verbaut. Auf der Basis kam dann auch der in jenen Jahren obligatorische Softchopper (»SE«) hinzu und verkaufte sich bis 1983 in erstaunlich hoher Stückzahl von 4568 Einheiten. Mit dem Modellwechsel Ende 1982 fiel die SE aus dem Lieferprogramm, von der neuen XS 400 mit DOHC-Triebwerk gab es zumindest hierzulande keine solche Variante. Das neue DOHC-Triebwerk war im Prinzip ein halber XJ-Vierzylinder, die Optik gefiel eher amerikanischen als deutschen Käufern. Offen 45 PS stark, erfreute das schmal bauende Kraftwerk auch in der 27-PS-Version mit reichlich Schub aus dem Drehzahlkeller. An die Stelle des alten Einrohrrahmens mit gegabelten Unterzügen trat ein

Für das Modelljahr 1979 gab es eine umfangreiche Modellpflege, ein modifiziertes Chassis und einen größeren Tank. Außerdem wurde die hintere Scheibenbremse durch eine Trommelbremse ersetzt.

Die Yamaha XS 360 war der erste Bestseller in der neuen Klasse. Bereits im ersten Jahr wurde der Testsieger des ersten großen Motorrad-Vergleichstests rund 6500 Mal verkauft.

Natürlich musste auch Yamaha einen Softchopper anbieten. Die XS 400 Custom/SE wurde zwischen 1980 und 1983 verkauft, immerhin 4568 Mal.

Auch die XS 400 DOHC, verkauft zwischen 1982 und 1986, galt als sehr gutes 27-PS-Motorrad, konnte aber nicht an die Beliebtheit der ersten Generation anknüpfen.

Chassis in Gemischbauweise mit mittragendem Motor. An die Beliebtheit der alten XS reichte die neue allerdings nicht heran.

DIE KULT-EINTÖPFE

Wer Mitte der Ende der 70er Jahre eine alltagstaugliche Enduro mit eigenständigem Charakter suchte, kam an der XT 500 nicht vorbei. Yamaha, der Spezialist in Sachen Geländemotorrad, hatte mit der XT erstmals einen Viertakt-Crosser im Programm, der auf Anhieb für Furore sorgte. Das pfiffig gestylte, nur 145 kg schwere Geländemotorrad verfügte über einen kräftigen, 33 PS starken ohc-Einzylinder, der muntere Fahrleistungen ermöglichte. Neben dem urigen Motor war es vor allem auch die Startprozedur per Kickstarter, die den Mythos der XT als Motorrad für echte Kerle begründete. Ende 1975 wurde sie in Las Vegas vorgestellt, die deutsche XT-Version wurde erst zur IFMA 1976 in Köln gezeigt. Die Nachfrage war gewaltig, um die Zeit bis zur Auslieferung der ersten, für Deutschland bestimmten Maschinen zu überbrücken, wurden zunächst die 33 PS starken US-Modelle importiert. Erst Ende 1976 standen die deutschen, 27 PS starken XT zur Verfügung. Die Drosselung auf 27 PS erfolgte über eine Reduzierblende im Ansaugstutzen. Die XT des Jahres 1980 unterschied sich von den Vorgängern durch ein neues Tankdekor, goldfarben eloxierte Felgen und eine vorverlegte Achsaufnahme an der Gabel. 1981 kam ein alufarbener Tank mit schwarzer Oberseite, 1983 Motormodifikationen und silberne Felgen. 1986 schließlich verkündete man stolz von der jetzt endlich erfolgten Umstellung auf eine 12-Volt-Elektrik, und für 1988 nahm Yamaha dann die XT 500 S im Galafräckchen in die Lieferliste. Mit einer Unmenge Chrom und silberfarbenen

Kennzeichen der ersten 27-PS-XT war das beige-rote Tankdekor sowie der neu verlegte Auspuff. Faltenbälge an der Gabel kamen ab 1978. 27 PS bei 5900/min, 0-100 km/h in 8,5 s, Spitze 132 km/h, DM 5508,-

Offen 33 PS stark, wurde die SR hierzulande mit 27 PS offeriert und geriet alsbald in den Ruf, ein echtes Männermotorrad zu sein. 2903 Käufer im ersten vollen Verkaufsjahr.

Felgen geschmückt, verabschiedete sich die XT 500 dann von ihren Fans.

Auch die Straßenmaschine mit dem dicken Pott wurde zum Kult. Sie kam reichlich ein Jahr nach der Enduro, erinnerte an die britischen Motorradklassiker der 50er und hatte offen 31 PS, die dann natürlich für Deutschland auf 27 PS zurückgenommen wurden. Beide, XT wie SR, waren ein Statement gegen den Leistungswahn und die säuselnden Zwei-, Vier- und Sechszylinder – wer einen solchen kernigen Eintopf fuhr, verabschiedete sich stilvoll vom Wettrüsten. Die SR wurde unglaublich lange gebaut und stand auch über 30 Jahre später noch, mit 400 Kubik, im Yamaha-Programm.

Die wesentlichen Stationen der Modellpflege umfassten nicht nur Änderungen im Farbschema, sondern auch an Beleuchtung (1980, Scheinwerfer), Fahrwerk (1984, 18-Zoll-Vorderrad, Speichenräder, Leistung 34 PS), Tank (1987, 14-Liter-Tank in Zweifarben-Lackierung) und Bremsen (1988 Duplexbremse vorn auf Wunsch).

In den folgenden Jahren beschränkte sich die Modellpflege in erster Linie auf optische Retuschen. An der größten Schwachstelle, der 6-Volt-Elektrik, änderte sich aber erst 1986 etwas. Allein in Deutschland wurden über 26 000 XT 500 zugelassen.

Yamaha verpflanzte den leicht überarbeiteten Halbliter-Einzylinder aus der XT 500 in ein Straßenfahrwerk, garnierte das Ganze mit Gabel, Lenker und Schutzblechen der XS 650 und präsentierte das Ergebnis als SR 500 auf dem Pariser Salon Ende 1977.

(Foto: Hersteller)

Die XJ 550 stand, zunächst mit 50 (offen: 58 PS), später auch mit 27 PS lieferbar, bis 1985 ohne größere Änderungen im Programm. Wer in jener Zeit einen mittelschweren Vierzylinder suchte, hatte die XJ garantiert mit auf der Liste.

Sah man öfter im Heft als auf der Straße: So wenig wie XT 550 die XT 500 ersetzen konnte, so wenig schaffte es die SRX 600, die SR 500 abzulösen. Gab's auch mit 45 PS, verkauft zwischen 1986 und 1990.

Darüber hinaus waren für 27-PS-Rechner eigentlich nur noch zwei weitere Einzylinder-Yamahas von Interesse. Beide entstanden in den Achtzigern, waren wesentlich moderner als die Halbliter-Töpfer, aber seelenloser und deutlich erfolgloser. XT 600 hieß die eine, SRX die andere. Der Straßen-Einzylinder, der nur per Kickstarter zum Leben erweckt werden konnte, begeisterte durch ein erstklassiges Fahrwerk und einen tollen Motor. Der japanische Neo-Klassiker überzeugte besonders in der offenen, 45 PS starken Version; die Drosselung auf 27 PS erfolgte über zwei verengte Ansaugstutzen. Trotz aller Qualitäten wurde die edel aufgemachte SRX - die nur über einen Seitenständer verfügte - von der SR-Kundschaft nicht so recht akzeptiert und nur zwei Jahre verkauft. Das machte die XT 350 besser. Die kam nahezu zeitgleich mit der Honda XL 350 Mitte der Achtziger. Die Honda war zwar erfolgreicher, die Yamaha aber hatte das klar bessere Konzept. Ihre Basis bildete eine im Ausland angebotene 250er. Als Antrieb stand ein moderner dohc-Vierventil-Single mit Doppelvergaser und YDIS-Ansaugsystem zur Verfügung, der mit viel Drehfreude und gutem Durchzug zu Werke ging. Mit seinem unten offenen Stahlrohrrahmen, dem 21-Zoll-Vorderrad (255 mm Arbeitsweg) und dem hinteren Zentralfederbein mit 225 mm bot die 27-PS-Enduro gute Voraussetzungen auch für schweren Geländeeinsatz. Die XT 350 - die es als TT 350 auch in einer zulassungsfähigen Sportversion gab - stand zehn Jahre lang im Programm.

CHOPPER SCHRIEB MAN MIT »XV«

Yamaha hat viel probiert, um an Honda vorbei zu ziehen. Doch nur auf dem Chopper-Segment ist das tatsächlich

Ende gut, alles gut: Die XV 535 von 1988 gehörte über ein Dutzend Jahre lang zu den meisterverkauften Einsteiger-Motorrädern schlechthin und wurde über ein Dutzend Jahre lang bestens verkauft. Es gab sie von Anfang an mit 46 und 27 PS, gedrosselt wurde über andere Nockenwellen. (Foto: Hersteller)

auch gelungen. Die XV-Serie war 1980 auf Kiel gelegt worden, hatte aber erst nach diversen Modellpflegemaßnahmen und Weiterentwicklungen durchschlagenden Erfolg. XV-Chopper gab es in so ziemlich allen Hubraumklassen zwischen 125 und 1100 Kubik, wobei die 27-PS-Klasse nach 1988 Beute der XV 535 wurde. Die Kombination aus V2-Triebwerk und wartungsarmen Kardan-Antrieb überzeugte in jeder Beziehung, zur gelungenen Optik gesellten sich handfeste Vorteile wie niedriges Gewicht (188 kg), eine gelungene Sitzposition (72 cm Sitzhöhe) und gute Handlichkeit. Der Tank saß zunächst unter der Sitzbank und fasste lediglich 8,6 Liter, im Folgejahr wurde ein zusätzlicher, knapp fünf Liter großer Zusatzbehälter installiert. Weitere wichtige Änderungen betrafen die Sitzbank. Kennzeichen des 89er Jahrgangs waren die geschlitzte, 298 mm große Scheibe im Vorderrad sowie der Chromschmuck an den Zylinderköpfen.

TEIL 3

Der Rest der Welt

Neben etwas BMW und ganz viel Japanern tummelten sich in der 27-PS-Klasse noch einige Exoten, vor allem italienischer Provenienz. Der typische Interessent machte indes einen weiten Bogen um diese Maschinen, sofern er diese überhaupt kannte. Verlässlich tauchten diese Bikes eigentlich nur im alljährlich erscheinenden Motorrad-Jahreskatalog (1981 gab es aufgrund der Fülle an neuen Maschinen sogar eine Zwischennummer) auf, oder im Heft in der Abteilung »Vermischtes«. Tests gab es im Grunde genommen nur, wenn gerade sonst kein wichtigerer Bike-Test anstand oder es galt, bei Vergleichstest das Feld aufzufüllen. Die Leserschaft interessierte sich ansonsten herzlich wenig für solche Exoten, auch in den Leserbriefsparten fanden diese Marken nicht statt. Denn für alle galt: Am löchrigen Vertriebsnetz änderten auch die besten Testberichte nichts, und weder in Modellvielfalt noch der Verarbeitungsqualität konnten sie mit den Japanern mithalten.

AERMACCHI

Aermacchi ging aus einem Flugzeugbauer hervor und begann 1950 mit dem Motorradbau. Um ein attraktives, hochqualitatives Kleinmotorrad zu bauen, wurde ein ehemaliger Benelli-Konstrukteur verpflichtet, der 1955 zwei vollverkleidete Rekordmaschinen vorstellte, eine mit einem 48 cm³ Motor, die andere mit 74 cm³, beide mit kettengetriebener obenliegender Nockenwelle. Beide Maschinen stellten mehrere Weltrekorde auf. Die erste erfolgreiche Serienmaschine erschien 1956 und hieß Chimera. Bis zur vollständigen Übernahme durch Harley-Davidson bildete deren obengesteuerter Viertakter das Rückgrat der Modellpalette.
Die Amerikaner hatten sich 1961 bei Aermacchi engagiert, die kleinen Italiener sollten die Modellplatte nach unten abrunden. Die meisten Motorräder gingen demzufolge in die USA, der Rest der Welt außerhalb Italiens war für die Marke uninteressant. Ende der Sechziger verabschiedete sich Aermacchi allmählich vom alten Stoßstangen-Einzylinder, Höhe- und Endpunkt der Entwicklung war die 350 TV mit stattlichen 29 PS. Nachdem Harley-Davidson das Werk in Varese ganz übernommen hatte, wurde deren Produktion eingestellt.

Unter dem Label AMF Harley-Davidson wurden anschließend die Einzylinder-Zweitakter in den verschiedenen Hubraumgrößen mit dem Kürzel SS vermarktet. Diese SS-Typen standen auch am Anfang der Cagiva-Produktion.

Motorräder waren in den Siebzigern das Thema schlechthin. Sogar die Limonadenbrauer von Sunkist legten ihren Zehner-Packs Motorrad-Sammelkärtchen im Scheckkartenformat bei. So brachte es auch die Aermacchi 350 TV zu einiger Bekanntheit - auch wenn sie Röth in Deutschland praktisch nicht verkauft hatte. 27 PS bei 7200/min, Spitze 135 km/h.

APRILIA

Aprilia fand in Deutschland erst in den Achtzigern statt, obwohl das Unternehmen, das 1956 gegründet worden war, bereits im Moto-Cross eine feste Größe darstellte. Der ehemalige Fahrradhersteller verwendete zunächst zugekaufte Motoren, etwa von Sachs und Rotax. Aprilias punkteten in den Siebzigern im nationalen Cross-Championat. In den Achtzigern gewann die junge Marke bei der italienischen Jugend Kult-Status; 1982 hatte Aprilia mit

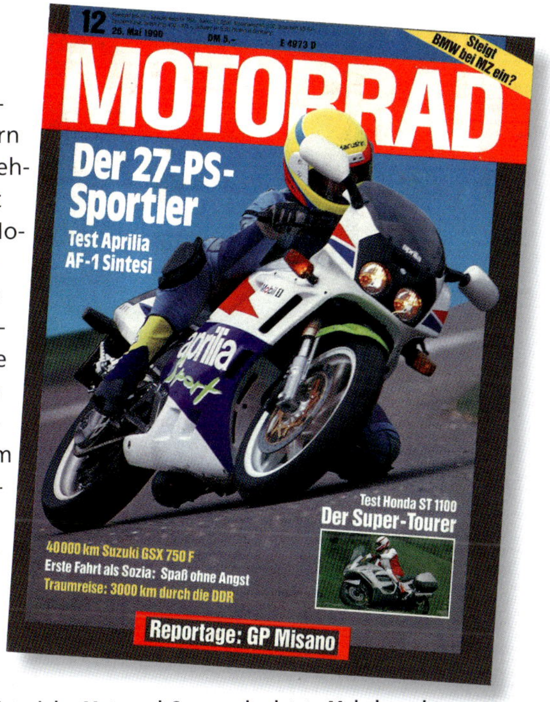

Im Mai 1990 gehörte der AF-1 Sintesi das Motorrad-Cover – das letzte Mal, dass eine 27-PS-125er so prominent gezeigt wurde. Der Renn-Zweitakter kostete aber stolze 8180 Mark.

einer modischen 125er den Durchbruch geschafft. Firmengründer Beggio entwickelte seine Marke zielstrebig zum hippen Nischenanbieter weiter, der sich in der zweiten Hälfte der Dekade auch im Straßenrennsport engagierte. Innerhalb von fünf Jahren verzehnfachte sich die Aprila-Motorradproduktion. Gut, die 40.000 Einheiten waren nach Maßstäben der Big Four nicht der Rede wert, für einen europäischen Hersteller aber nahezu sensationell. Im März 1987 gründete das Werk eine eigene Importgesellschaft für das Deutschland-Geschäft mit einer Niederlassung in Ulm. Angeboten wurden zunächst 125er, die in erster Linie für den italienischen Markt bestimmt waren, weil dort der Biker-Nachwuchs sich nicht, wie hierzulande, mit biederen 50ern oder schnarchigen 80ern abgeben musste, sondern von Anfang an anständig motorisiert in die Zweirad-Karriere starten durfte. Tolle Maschinen, die uns vor Neid erblassen ließen. Die Kehrseite der Medaille natürlich, wie bei allen diesen Exoten-Marken: Zierlich, handlich, aber sauteuer. Im Aprilia-Fall kam noch hinzu: Sie waren überraschend komfortabel und gut verarbeitet. Im Programm gab es, neben den Achtelliter-Racern einige größere Enduros mit Rotax-Motoren – die zum Teil die etablierte Nippon-Konkurrenz wie die XT in Grund und Boden fuhren. Den Durchbruch hierzulande schaffte Aprilia aber nicht mit seinen hochgezüchteten 125ern, sondern als verlängerte Werkbank von BMW, das in Noale nach 1993 die F 650 mit Rotax-Single montieren ließ.

Die 350 ETX 6.35 verfügte über den luftgekühlten Vierventilmotor, den Rotax auch an andere Hersteller wie KTM lieferte. Mit 159 kg war die Tuareg zwar kein Leichtgewicht, fuhr sich jedoch beileibe nicht unhandlich oder gar schwerfällig. Im Gelände missfiel das unterdämpfte hintere Federbein. Hervorragend dagegen die Ausstattung der Edel-Enduro. 27 PS bei 7200/min, 0-100 km/h in 9,8 s, Spitze 140 km/h. DM 6750,-.

BENELLI

Die Exotenmarke Benelli, Anfang der 1970er noch von Tester-Ikonen wie Ernst »Klacks« Leverkus mit Begeisterung gefahren und sehr positiv bewertet, war in den Siebzigern in Schwierigkeiten geraten und vom argentinischen Industriellen De Tomaso übernommen worden, der den Traum eines italienischen Auto- und Motorradkonzerns träumte. Er hat neben Moto Guzzi auch Benelli übernommen und versuchte, durch eine Gleichteile-Strategie – was später dann »Badge Engineering« hieß – auf Stückzahlen zu kommen. Außerdem versuchte er, seine Marken durch Motorräder, welche die Japaner nicht anboten, zu profilieren. Ein schönes Beiepil dafür war die Benelli 254 Quattro von 1976. Diese kleinste Serien-Vierzylinder überhaupt hatte einen Hubraum von nur 231 cm³ (was in der italienischen Steuergesetzgebung begründet lag) und passte mit ihren 27 PS exakt in die damalige deutsche Versicherungslandschaft. Benelli-typisch folgte der pompösen Premiere zunächst einmal nichts, von einer Serienproduktion konnte erst 1978 die Rede sein. Die kapriziöse Italienerin mit dem seidenweichen Motorlauf gab es übrigens auch mit Moto-Guzzi-Emblem. Öfter auf die Straße kam sie dennoch nicht.

In den Achtzigern stand es dann ganz schlecht um die Marke. Der Niedergang im internationalen Motorradgeschäft am Anfang des Jahrzehnts wirkte sich sehr stark auf die Benelli-Produktion aus, zumal auch Mutterkonzern de Tomaso ins Trudeln geriet. Und nach dem Auslaufen der Sechszylinder-Modellreihe hatte Benelli nichts mehr im Programm, das die Bikerherzen höher schlagen ließ. Zum Ende des Jahrzehnts wurde das Unternehmen, das im internationalen Motorradgeschehen längst nur noch eine Statistenrolle spielte, erneut verkauft: Die Ära der Vier- und Sechszylinder war nurmehr Geschichte, und in der 27-PS-Klasse hatten die Italiener sowieso nie Fuß fassen können. Tatsächlich war das Angebot stets äußerst überschaubar gewesen, und daran änderte sich auch nichts, als durch den Kursanstieg des Yen die japanische Ware im Preis stieg und die bis dahin relativ teueren Italo-Bikes günstiger wurden. Der Preisvorteil war aber eher theoretischer Natur, denn unter überschäumendem Interesse litt keine italienische Marke. Die Benelli-2C, zusammen mit einer 125er 1981 eingeführt, blieb also ein Ladenhüter, obwohl nirgendwo so billig 27 PS zu haben waren. Die Konstruktion selbst hatte schon über 15 Jahren auf dem Buckel, war kaum weiterentwickelt worden und wirkte ein wenig verloren zwischen all den modernen Ein-, Zwei- und Vierzy-

Nach dem Strickmuster der großen Sechszylinder baute Benelli auch eine Vierzylinder-350er. Diese 350 RS von 1978 passte in die 27-PS-Klasse. War ähnlich häufig zu sehen wie das Ungeheuer von Loch Ness.

Kleinkunst: Die kleinste Serien-Vierzylinder hieß 250 Quattro, hatte aber nur 231 Kubik. Auch hier: Kannte man nur von Bildern. 26 PS bei 10.600/min, 0-100 km/h in 7,5 s, Spitze 156 km/h. DM 4950,-.

Diese Aufnahme entstand im April 1977 am Grenzübergang Chiasso und beweist: Es gab wirklich Menschen, die eine Benelli TS 250 fuhren und sogar längere Touren damit absolvierten. (ETH Zürich, Com_L26-0272-0003-0003/CC-BY-SA 4.0)

linder-Viertaktern in dieser Klasse. Im Grund genommen vermochten sich nur alte Fahrensmänner, in deren Jugend 250 Kubik noch eine echte Ansage gewesen waren, dafür begeistern. Paul Simsa, Auto- und Motorradjournalist gehörte dazu, daher fiel sein Testurteil auch sehr wohlwollend aus: »Ein Stadt- und Landstraßenflitzer ist sie«, lobte er, »zwei Zylinder und geringes Gewicht (135 kg) machen die Benelli fröhlicher als die MZ mit ihrem Eintopf und acht Kilogramm Mehrgewicht«. Daher holte er sich auch einen der schlitzgesteuerten Zweitakttwins mit Mischungsschmierung und Luftkühlung in seine Garage.

CAGIVA

Ähnlich erfolglos wie die 27-PS-Benellis blieben die Cagiva-Modelle in dieser Leistungsklasse, Ala Rossa und Ala Zurra. Dass sie nicht ganz und gar übersehen wurden, lag an Ducati und an Hein Gericke. Doch der Reihe nach.

Die Marke war erst 1978 entstanden, aufgebaut von den Herren Castiglioni im ehemaligen italienischen Harley-Davidson-Werk von Aermacchi. Sie waren stark im Rennsport engagiert, hatten Asse wie Randy Mamola und Eddie Lawson unter Vertrag und waren eine Macht auch im Motocross. Vor allem in Italien verkauften sich Maschinen von Cagiva außerordentlich gut. Das spülte genügend Lira in die Kasse, um 1983 bei Ducati V2-Motoren zuzukaufen. Zwei Jahre später hatte Cagiva Ducati geschluckt, und 1986 kam die schwedische Marke Husqvarna hinzu, später dann auch noch Moto Morini. Während diese beiden Marken nun wirklich überhaupt keine Marktbedeutung hatten, sorgte der deutsche Importeur Hein Gericke dafür, dass zumindest Cagiva einen gewissen Bekanntsheitgrad erlangte. In Sachen 27 PS bot der Motorrad-Discounter 1983 dann die Cagiva 350 Ala Rossa an, eine Viertakt-Enduro mit gesunden 25 PS, akzeptablem Gewicht und Top-Fahrwerk. Damit erfüllte die Cagiva alle Anforderungen, die an eine solche Geländemaschine gestellt werden konnte – und das ganz ohne Zweitakt-Rängtängtäng. So richtig neu bei der ebenfalls 1983 gezeigten Alazzurra-Reihe (es gab sie mit 650 und 350 Kubik) war eigentlich nur das Cagiva-Logo am Tank, beim Rest handelte es sich um verfeinerte Ducati Pantah. Die Kombination aus V2-Motor und Cagiva-Komponenten überzeugte auf der ganzen Linie, im großen Motorrad-Vergleichstest gewann die Alazurra die Motorwertung, bot die besten Fahrleistungen und unterm Strich am meisten Motorrad fürs Geld – zumal der Cagiva-Alleinimporteur Hein Gericke mit einem bundesweitem, gut 75 Stationen umfassenden Servicenetz punkten konnte. Natürlich, ohne Gemecker ging es auch hier nicht ab, schwankende Verarbeitungsqualität und lausige Instrumente gehörten anscheinend aber auch noch in den Achtzigern zu einem italienischen Motorrad wie zu Thomas Anders die fette Nora-Kette. Die 350er war mit 36 oder, auf versi-

Sehr ausgewogen präsentierte sich das Fahrwerk, das auf der Straße wie auch im Gelände beeindrucken konnte. Wegen des dünnen Händlernetzes konnte die Cagiva ihre Talente nicht oft beweisen. 25 PS bei 7000/min, 0-100 km/h in 10 s, Spitze 133 km/h. DM 6190,-.

Als Einführungsangebot bot Gericke 1985 die ersten 200 Alazzurra 350 für sensationelle 3980 Mark an, zu haben direkt im Stammhaus Düsseldorf oder den entsprechenden Cagiva-Vertragshändlern. Richtig weh taten dann die späteren Listenpreise: 7900 Mark für die 27-PS-350er, über 8500 Mark für die große Alazzurra.

cherungsdeutsche Regeln angepasst, 27-PS-Drosselpropf im Ansaugstutzen zu haben. Die Enduro-Variante Elefant holte Gericke nicht nach Deutschland, nur die größere Schwester mit dem 650-Kubik-V2.

DUCATI

Die Traditionsfirma hatte unter Staatsregie in den Fünfzigern mit der Produktion von kleinen, nicht weiter bemerkenswerten Motorrad-Motoren begonnen. Sportbegeistert wie alle italiener, folgte dann unter technischer Leitung von Fabio Taglioni der Schritt in die höheren Hubraumklassen mit Einzylinder von 125 bis 450 Kubik Hubraum, zumeist mit Königswellenantrieb. Mit Beginn der 70er Jahre präsentierte Ducati den ersten V-Zweizylinder, der als GT 750 in Produktion ging. Daraus entstanden dann die legendären Langstrecken-Rennmaschinen, die 750 SS mit desmodromischer Ventilsteuerung war eine Replika der erfolgreichen Werksrennmaschinen, die 1972 bei den 200 Meilen von Imola triumphierten. Aus der 750 SS wurde die 900 SS – Ducati hatte seinen Weg gefunden. Als Irrweg hingegen erwies sich der Ausflug in die 27-PS-Gefilde und der Wechsel auf konventionelle Paralleltwins.

Auf dem Mailänder Salon 1975 wurden die von Ingenieur Tumidei entwickelten Modelle GT 350 und GT 500 vorgestellt. Gestylt hat die GTs Leopoldo Tartarini, der dabei wohl nicht seinen besten Tag hatte. Zur fragwürdigen Optik kam eine lausige Verarbeitung. Während die 24 PS starke 350er in erster Linie für den italienischen Markt bestimmt war, sollte die 500er mit 42 PS im Export punkten. Gegen die japanischen Maschinen machten die Ducs hierzulande aber keinen Stich, für das, was sie boten, waren sie zu teuer (5790 beziehungsweise 5990 Mark, Stand 1977). Etwas besser in Szene konnten sich die Sport Desmos, die Ausführungen mit Desmodromik. Die Motorleistung war leicht gestiegen, auf 27 beziehungsweise 46 PS; die 500er sollte immerhin 180 km/h laufen. Die gewaltigen Schwierigkeiten führten dazu, dass Ducati nach langem Abstieg in den Achtzigern an Cagiva verkauft wurde. Von imageschädlichen Einsteigermotorrädern ließ man vorerst die Finger.

Leopoldo Tartarini hatte das Design der neuen Reihenzweizylinder Ducati geschaffen, die im Herbst 1975 ihr Rollout feierten. Gab es auch mit 350 Kubik und 27 PS, jeweils in Touren- (GTV) sowie Sport- (S Desmo) Ausführung.

FANTIC

Die frühen Achtziger waren für keinen Motorradhersteller besonders lustig, vor allem nicht für Nischenanbieter. Das italienische Unternehmen Fantic, das eng mit Garelli kooperierte (einer der Gründer, Mario Agrati, gehörte zum Garelli-Clan) hatte aber Glück und überlebte dank seiner ausgezeichneten Enduro-Maschinen, wenn auch mehr schlecht als recht. Immerhin: Der engagierte deutsche Fantic-Importeur schaffte es, im Frühjahr 1985 der Motorrad-Redaktion die Raider 250 zum Test vorzustellen. Und die Redaktion zeigte sich angetan, die Edel-Enduro für die 27-PS-Klasse punktete mit niedrigem Gewicht und feinem Chassis. Trotz des wohlwollenden Testurteils gab es aber keinen Run auf die Raider, und selbst wenn: Der Hersteller befand sich aber schon seit Ende 1984 in ernsthafter finanzieller Schieflage und musste andauernd seine Produktion unterbrechen, teilweise für Wochen.

Auch Fantic versuchte mit der Raider 250 Mitte der Achtziger, in der 27-PS-Klasse Fuß zu fassen. Verwertbare Leistung stand eigentlich nur zwischen 5500 und 6500 Touren zur Verfügung. 26 PS bei 6200/min, 0-100 km/h in 11,1 s, Spitze 130 km/h, DM 6400,-.

GILERA

In Sachen Not und Elend kannte man sich auch bei Gilera ganz gut aus. Die Marke stand vor allem für eine grandiose Vergangenheit und für Jahrzehnte zurückliegende Rennerfolge. 1969 war Roller-Produzent Piaggio eingestiegen und hatte eine Beschränkung auf Zweitakt-Motorräder in der Hubraumkategorie bis 200 Kubik verordnet, in den Achtzigern dann aber einen Ausflug in das Viertaktsegment gestartet. Das bescherte dem motorradfahrenden Publikum die Baureihen Saturno und Dakota mit 350 und 500 Kubik. Die technische Basis war jeweils identisch, die Italiener hatten feine Singles mit Vierventilkopf und Wasserkühlung auf Kiel gelegt. Im Falle der 350er Enduro lag die Leistung bei 33 PS bei 7500/min, hierzulande war sie nur gedrosselt interessant, besser gesagt: Sie wäre es eventuell gewesen, wenn es da nicht das Vertriebsproblem gegeben hätte. Gileras gab es beim Vespa-Händler, und der Roller-Dealer war meistens ein Fahrrad- und Nähmaschinenschlosser, der Mobylette-Mofas oder Kreidler-Mokicks vertickte. Darum machte man einen weiten Bogen.

Die Gilera Dakota war eine sehr nett gemachte 27-PS-Enduro, für die sich hierzulande niemand interessierte. Und in Italien auch nicht. Schade drum.

JAWA

Nur der Vollständigkeit halber (und weil sie in der ersten Motorrad-Aufstellung in Heft 25/76 aufgeführt wurde) fährt hier die Jawa 634 vor. Die Zweitakttwins aus dem Ostblock hatten in Westdeutschland keinerlei Marktbedeutung. Zu Beginn des Jahrzehnts wurden sie (zusammen mit CZ) über den Versandriesen Quelle per Katalog vermarktet, nachdem Neckermann 1969 die Vermarktung von Jawa/GZ eingestellt hatte. Nach Leserbriefen zu urteilen, war die Bauqualität der Jawa nicht wirklich gut, und die Ersatzteilversorgung schwierig, funktionierte aber bei Neckermann deutlich besser als später bei Quelle. Auch freie Importeure wie zum Beispiel Epstein in Frankfurt bemühten sich um die tschechischen Exoten, ohne etwas am Außenseiterstatus ändern zu können. Die Motorleistung lag anfangs bei 19 PS, die Spitze lag bei rund 120 km/h und langliegend soll sogar die 125 km/h-Marke geknackt werden können – Hörensagen, jemanden, der das tatsächlich auch bezeugen konnte, kannte man eigentlich nicht. Im Laufe der Zeit erhöhte sich die Motorleistung dann auf 22 beziehungsweise 24 PS, zum Ende des Jahrzehnts saß der Jawa-Eigner damit aber zwischen allen Stühlen, denn die Jawa blieb unter dem Limit und war damit noch unattraktiver und graumäusiger als ohnehin schon: Da half auch der Dumpingpreis auf Kleinkraftradniveau nicht viel.

Protestbewegung: Wer eine Jawa 350 fuhr, war Überzeugungstäter mit unerschütterliches Selbstbewusstsein. Mehr Konsumverweigerung ging fast nicht. Die Solomaschine hatte 26 PS bei 5500/min, 0-100 km/h in 10,5 s, Spitze 133 km/h. DM 2995,-, als Gespann mit Velorex-Boot 100 km/h und DM 4995,-.

MALANCA

Auch so eine Marke, die man nur aus dem Katalog kannte und beim Studium des Motorrad-Heftes geflissentlich darüber hinweg blätterte: Malanca. Gegründet 1956 von Mario Malanca bei Bologna, hatte einige Erfolge in der 125er-WM der Siebziger und baute schöne, leistungsstarke Zweizylinder-Zweitakter, die bei den italienischen Teenagern bestens ankamen. In Deutschland kannte man sie nicht, und auch die 1982 präsentierte Malanca »125 E2CS ob one« mit Vollverkleidung, Flüssigkühlung und 26 PS bei 11.000 Touren und einer Spitze von 151 km/h änderte daran nicht. Mit einem Verkaufspreis von 6500 Mark war diese Malanca die teuerste 125er auf dem Markt.

Wieder so eine Marke, die maximal im Kleinanzeigenteil von Motorrad stattfand: Malanca. Die Italiener lieferten Hochleistungs-Zweitakter, und die Racing-Variante der 125 ob one von 1984 war die stärkste der Rennzwerge. 25 PS bei 10.800/min, 0-100 km/h in 10,6 s, Spitze 138 km/h. DM 6430,-.

MOTO GUZZI

Neben Ducati kannte man hierzulande vor allem die großen V-Twins von Moto Guzzi. Das lag in erster Linie am rührigen Importeur Röth aus dem Odenwald, natürlich mit freundlicher Unterstützung von »Klacks« Leverkus und der Redaktion Motorrad. Die erste V2-Maschine mit Kardan-Antrieb kam 1966, sie hatte 700 Kubik und zementierte das technische Konzept der Marke. In den Siebzigern, inzwischen in Besitz von De Tomaso, klang die Begeisterung der Profi-Tester ab, Motorrad-Tester Franz-Josef Schermer fand dafür die Formulierung »zwischen Genialität und Schlamperei«, und traf damit den Nagel so ziemlich auf den Kopf. Neben dem Eigener hatte nun auch der deutsche Importeur gewechselt, statt Röth regelte nun die Deutsche Motobecane in Bielefeld den Guzzi-Import. Deren Vertriebsnetz war wesentlich dichter gestrickt als von Röth, denn Motobecane verdiente sein Geld in der Hauptsache mit dem Vertrieb von Fahrrädern und Mofas.

Als eines der ersten Gemeinschaftsprojekte mit Benelli erschien 1973 die 250 TS. Der einzige Unterschied zu der auf den Benelli-Bändern gebauten Maschine bestand in der Einführung von Aluzylindern mit verchromten Laufbohrungen. Außerdem war der Tank um 4,5 Liter größer als bei der Benelli. Die Markteinführung der 250 TS erfolgte 1974, und ein Jahr später wurde die Duplex-Trommelbremse der ersten Ausführung, mehr als 4500 Mal gebaut, von einer Scheibenbremse vorn ersetzt. Diese zweite Ausführung bekam außerdem elektronische Zündung. Der Zweitakter musste in der 27-PS-Klasse ran, riss aber nichts – was niemanden so recht überraschte.

Ziemlich enttäuschend verlief auch die Karriere der GTS-Fours mit 350 und 500 Kubik. Die traten laut Katalog schon 1974/75 in Erscheinung, bis man sie tatsächlich auch mal hat fahren sehen, verging wieder eine geraume Weile. Auch hier handelte es sich um Benelli-Vierzylinder, wobei nur die 27-PS-350er die Moto-Guzzi-Schwingen trug. Die Verbreitung beider Maschinen in Deutschland hielt sich in engen Grenzen. Gab's dann auch noch als 400 GTS und 40 PS bei 9000 Umdrehungen, was eine völlig sinnlose Aufweitung des Modellprogramms mit sich brachte. Zu den überflüssigen Motorrädern gehörte dann auch die kleine Viertelliter-Quattro aus Benelli-Beständen, die den Guzzi-Händlern untergeschoben wurde. Technisch zwar ein feines Stück Zweiradkunst, hatte sie aber all das, was eine Guzzi nicht bot: Labbriger Rahmen, viel Plastik, Reihenmotor – die 254 blieb zwar drei Jahre im Programm, verkaufte sich aber kaum mehr tausend Mal. 1979 war der Spuk schließlich vorbei, in den Schaufenstern der Händler

Die Moto Guzzi 254 war ebenso ein Benelli-Klon …

… wie die 250 TS: Beide Marken gehörten zum De-Tomaso-Imperium. Als Moto Guzzi hatte die Maschine einen 17-Liter-Tank und kostete weniger als die entsprechende Benelli.

Die V35 wie auch die V50 spielten in Deutschland keine große Rolle, sie blieben in ihren Klassen Außenseiter. Wichtigster Absatzmarkt für diese Baukastenmodelle, insbesondere die 350er, blieb Italien, was an den Führerschein- und Steuergesetzen lag. 27 PS bei 7600/min. 0-100 km/h in 9,5 s, Spitze 150 km/h. DM 6300,-

fanden sich nur noch die markentypischen Vaus, die passten besser zur Marke und in die Versicherungslandschaft.

In der 27-PS-Klasse trat die V 35 an. Sie kam im Doppelpack mit der V50 zum Herbst 1976. Mit ihren V2-Motoren sahen sie zwar vertraut aus, waren aber komplette, auf Großserienfertigung ausgelegte Neukonstruktionen. Das Kurbelgehäuse ließ sich horizontal trennen, die Schwinge war im Getriebegehäuse gelagert und außerdem aus Alu gegossen. Zu den ganz großen Pluspunkten der kleine Guzzis gehörten ihr brillantes Fahrwerk, ihre Handlichkeit und das vorzügliche Integral-Bremssystem. Zu einer echten Kaufempfehlung reichte es dennoch nicht. Im Detail viel zu nachlässig verarbeitet und mit großer Serienstreuung in Sachen Leistung gestraft, machten die meisten Motorradfahrer einen großen Bogen um die lahmen Adler aus Mandello. Gewiss, das Handling

1984 stellte Guzzi sukzessive auf Vierventiltechnik um, den Auftakt bildeten die sportlichen Mittelklasse-Typen V65 Lario, V50 Monza und V35 Imola. Guzzi-Importeur Motobecane strich sie aber mangels Erfolg kaum zwei Jahre später wieder aus dem Programm.

war einsame Spitze, aber ansonsten gab es ständig irgendwelche Kleinigkeiten, die den Spaß vermiesten. Der Lack blätterte ab, die Elektrik war ein Albtraum, sie rosteten, und viele Öldichtungen verdienten ihren Namen nicht. Die Sportausführung der 350er hieß Imola, die der 500er Monza. Die schlimmsten Unarten behob die gründliche Modellpflege – römisch drei – zur Saison 1981, leider aber ließ sich Moto Guzzi dazu verleiten, die japanische Unsitte der 16-Zoll-Vorderräder mitzumachen, was die Sache wieder schlechter machte: Das konnte man nicht mehr als Charakter beschönigen, das war einfach nicht gut. Die V35 III war bis 1987 erhältlich. Gab's auch als Custom, also Softchopper im Nippon-Style. Zu Recht weitgehend vergessen …

Die kleinen Custom-Guzzi unterschieden sich lediglich durch die verlängerte Schwinge von den Straßenmaschinen. Sie war notwendig geworden, weil nur so der dickere, für einen Chopper typische Hinterreifen untergebracht werden konnte. Die einzige Möglichkeit, die beiden Customs voneinander zu unterscheiden war der Schriftzug auf den Seitendeckeln.

Die Morini 3 ½ betrat 1974 die deutsche Motorradszene und überzeugte auf Anhieb: Die 350er mit 72 Grad Zylinderwinkel war ein nettes, handliches Motorrad mit einem Fahrwerk, von dem Japaner noch lange nur träumen konnten.

Für 1977 war sie von 35 auf 27 PS gedrosselt worden, doch noch bis 1978 wollte die Morini nach alter Väter Sitte per Kickstarter zum Leben erweckt werden.

MOTO MORINI

In Deutschland stellten die Morini mit ihrem fabelhaften 72-Grad-Vauzwei eine der wenigen Möglichkeiten dar, in der Mittelklasse kein japanisches Produkt zu fahren. Wie bei den meisten anderen italienischen Marken fehlte es aber entweder am Geld oder der notwendigen Professionalität, um ein flächendeckendes Händlernetz aufzubauen – was nichts daran änderte, dass die Moto Morini 3 ½ beim ersten großen 27-PS-Vergleichstest ziemlich gut abschnitt. Offen 39 PS stark, überzeugte sie durch Drehmoment, Temperament und ein sensationell niedriges Trockengewicht von noch nicht einmal 160 Kilo. Im Vergelichsfeld belegte die Morini dann einen hervorragenden dritten Platz. Den Verkaufszahlen half das letztlich nicht auf die Sprünge, eine Morini war mit 5200 Mark (1975) stets eine ganze Stange teurer als die japanische Konkurrenz und das Vertriebsnetz praktisch nicht vorhanden.

Dennoch überlebte die Marke den Anbruch der Achtziger und präsentierte 1983 die 350 Kanguro. Aus der Masse der Einzylinder-Enduros ragte sie gleich in mehrerer Hinsicht hervor. Zum einen wegen des 72-Grad-V2, der zum Zeitpunkt der Premiere auch schon zehn Jahre auf dem Kurbelgehäuse hatte, und zum anderen wegen der Tatsache, dass die Morini 350 keine verkleinerte Ableger der wettbewerbstauglichen Camel-Großenduro, sondern eine Neukonstruktion darstellte. Zum ansprechenden Design gesellten sich pfiffige, für den Hersteller neue Detaillösungen wie die Abstützung der Schwinge gegen den Rahmen vermittels Zentralfederbein ohne Umlenkung. Die Geländeeigenschaften waren hervorragend, und die Sitzbank war bequem genug, um sogar einem Sozius einen angenehmen Aufenthalt zu gestatten. Hat trotzdem nicht den Untergang verhindert…

Als Morini bereits zu Cagiva gehörte, widmete sich der Traditionshersteller auch dem Chopperbau. Technisch waren sowohl die 501 Excalibur wie auch die 501 New York identisch; beide gab es auch mit dem 350er Motor und 27 PS.

350 KANGURO

Technische Daten:

Zweizylinder V - Motor 72°
mit beschichteten Zylindern (Giluisil)
Bohrung / Hub 62 x 57 x 2
Kompression 11 : 1
Hubraum total 344,16 ccm
Ausführung D 20 kW (27 PS)
Leistung Ausführung I 25 kW (34 PS)
Drehmoment Nm 34,34 (kgm 3,5 Drn)
Ventilbetätigung durch Kipphebel ü. Stoßstangen
Vergaser Dell Orto VHBZ 25 x 2
Schmierung durch verstärkte Zahnradölpumpe
Ölfüllung Motor 2,5 Ltr. (Castrol GP 20/40)
Primärantrieb d. Zahnräder
Kupplung Mehrscheiben trocken
Getriebe 6 Gänge
Secundärantrieb Kette 5/8 x 3/8 OR
Auspuffanlage m. Doppelschalldämpfern
Elektr. Ausrüstung gemischt 6/12 V
Leistung Lima 120 W

Startbetätigung Kickstarter
Seitenständer m. Sicherheitssignal
Fahrwerk Doppelvierkantrohrrahmen
mit integriertem Gepäckträger
Lenkung konische Rollenlager
Federung vorn hydr. Telegabel mit 210 mm Federweg
Federung hinten verstellb. Zentralfederbein 200 mm Federweg
Laufräder Alufelgen gespeicht
Bereifung vorn 3.00 x 21 Mototrail
Bereifung hin. 4.00 x 18 Mototrail
Bremse vorn 1 Scheibe Ø 230 mm
Bremse hinten Trommel in konischer Nabe Ø 160 mm
Batterie 6 V 2 AH
Tankinhalt 14 Ltr./Reserve 2,2 Ltr.
Sitzbankhöhe 850 mm
Gewicht trocken 150 kg
Endgeschwindigkeit max. 145 km/h
(Abhängig von Gewicht und Sitzposition)
Verbrauch 4,5 Ltr. - Kraftstoff 98 Oktan

Fahrzeugimport Alexander gmbh, Rötzberg 61
3057 Neustadt a. Rbge. 1, OT Schneeren

MOTO MORINI

Technische Änderungen vorbehalten!

Die 350er Kanguro mit dem V2 war die einzige Zweizylinder-Enduro in der Leistungsklasse. Wie bei Morini üblich, war das Fahrwerk über jeden Tadel erhaben. Das Leergewicht lag bei rund 145 Kilo, einen E-Starter gab es gegen Aufpreis. Ihr Terrain waren kurvige Landstraßen und leichtes Gelände. Half ihr allerdings wenig, im besten Jahr wurden insgesamt 60 Morini aller Baureihen, gleich welcher Leistung, angemeldet. 27 PS bei 7900/min, 0-100 km/h in 10 s, Spitze 140 km/h. DM 6995,-.

MOTOTRANS

Spanien war lange Zeit durch die Franco-Diktatur weitgehend abgekoppelt von der politischen und wirtschaftlichen Entwicklung Europas. Dazu kamen hohe Schutzzölle. Die ließen sich allerdings umgehen, Moto Guzzi wie auch MV Agusta ließen für den spanischen Markt ihre Maschinen vor Ort bauen. Am erfolgreichsten agierte aber Ducati, ihr 1957 gegründeter Ableger, Mototrans-Ducati, war beinahe drei Jahrzehnte lang führend in Spanien. Auf dem europäischen Mark fand Mototrans allerdings nicht statt, und in Deutschland nur kurzzeitig Anfang der Achtziger mit der einzylindrigen 350 Vento. Die ging auf eine Entwicklung von 1976 zurück, die mit der »300 Electronica« ihren Anfang genommen hatte. Davon abgeleitet waren diverse 250er und 350er erschienen, wobei die sportlichste ab 1980 auch in Deutschland angeboten wurde. Dem internationalen Wettbewerb in diesen Zeiten waren die Spanier allerdings nicht gewachsen, Ende 1981 war Mototrans praktisch pleite und die 27-PS-Vento mit dem alten Scrambler-Motor hoppelte wieder davon.

Vom Winde verweht: Nur im Motorrad-Heft hatte man die Chance, eine Vento näher zu betrachten. Auf freier Wildbahn sah man die rund 6000 Mark 27-PS-Singles nie.

MV AGUSTA

Die Verfügbarkeit einer MV Agusta war eher theoretischer Natur. Die Marke des Conte Corrado Agusta hatte im Grunde genommen schon 1974 die Produktion eingestellt und fand nur noch auf der Rennstrecke statt; am Leben hielt sie eigentlich die rührige deutsche Importfirma Hansen/Schneider in Baden-Baden, die für die spektakulären MV der späten 70er verantwortlich waren. Dass diese so überproportional oft in den Motorrad-Berichten jener Jahre auftauchte, hatte nicht nur mit der ruhmreichen Vergangenheit der Marke als vielmehr mit der Tatsache zu tun, dass sie beste Beziehungen zur Motorrad-Redaktion in Stuttgart unterhielten. Und der Motorrad-Fotograf Ulrich Schwab war ein bekennender Fan der Marke und MV-Fahrer.

Laut Katalog 1976/77 mit auf 27 PS gedrosselter Leistung zu haben, waren die MV Agusta 350 Sport beziehungsweise MV Agusta 350 Ipotesi mit dem halbierten MV-Vierzylinder.

Noch ein Beitrag Italiens in Sachen unbekannte Exoten: Auch wenn MV Agusta die Produktion schon 1974 eingestellt hatte, irrlichterten durch die Kataloge und Übersichten der Jahre 1976/77 zwei 27-PS-Ausführungen. Die eine war die 350 Sport .

SANGLAS

Diese Marke kannte man eventuell vom Spanien-Urlaub her, nicht aus dem deutschen Straßenverkehr. Das Unternehmen aus Barcelona baute in den Fünfzigern ohc-Viertakter mit 248, 347 und 423 Kubikzentimeter Hubraum und ergänzte in den Sechzigern die Modellpalette um Zweitakt-Maschinen, die von Zündapp- und spanischen Villiers-Triebwerken befeuert wurden. Diese Zweitakter wurden bis Mitte der Siebziger gebaut. Natürlich hatte auch Sanglas mit den Schwierigkeiten zu kämpfen, die sich allen spanischen Produzenten stellten. Spanien war ein Land mit geringer Kaufkraft, und die Seat-Konkurrenz machte dem Unternehmen schwer zu schaffen. Durch die Franco-Diktatur war das Land weitgehend vom wirtschaftlichen Aufschwung Westeuropas abgekoppelt. Das Überleben sicherten Sanglas die Behördenaufträge, für die Polizei entstand eine 500er-Einzylinder-Viertakter, die in kleinsten Stückzahlen sogar exportiert werden konnte. Nach Francos Tod kam die Wende, Spanien wurde für ausländische Investoren zunehmend interessant. Die japanischen Hersteller, schon lange auf der Suche nach geeigneten Standorten in Westeuropa, investierten kräftig in diesem Billiglohnland. Zwischen Sanglas und Yamaha kam es 1978 zu einer Zusammenarbeit (die Sanglas 400 Y erhielt den Twin der XS 400); 1981 schließlich übernahmen die Japaner das Unternehmen ganz; Sanglas verschwand von der Bildfläche.

Was auch immer in jenem Jahrzehnt auf dem europäischen Markt zu haben war, fand seinen Weg in den Testfuhrpark der Motorrad-Redaktion. Nicht immer aber war Neid angebracht. Mit der biederen 400 y (der Motor stammte von Yamaha) trat Sanglas 1978 in der hart umkämpften 27-PS-Klasse an. Zu behaupten, sie tat sich schwer, wäre falsch. Sie fand einfach nicht statt.

Wer eine Partnerin hat, die sich hinter ihn auf ein Motorrad setzt, darf sich glücklich preisen. Die Heirat ist gegen diesen Vertrauensbeweis ein Kinderspiel.

Natürlich übertrieb die BMW-Werbung. Doch etwas war schon dran. Denn in den Siebzigern nahm der Motorradbestand auf bundesdeutschen Straßen rasant zu. Die geburtenstarken Jahrgänge drängten zum motorisierten Zweirad. Mit den Zulassungszahlen stiegen die Unfallzahlen, das Thema Sicherheit zieht sich wie ein Roter Faden durch Presse jener Zeit – nicht nur beim Motorrad, auch in der Automobiltechnik. Zum 1. Januar 1976 kam zum Beispiel nicht nur die Helmpflicht für Biker, sondern auch die Anschnallpflicht für Autofahrer. Und dass die Mofa- und Mokickfahrer ihre Mühlen frisierten was das Zeug hielt, vereinfachte die Situation auch nicht gerade.

ENTWICKLUNG DER HAFTPFLICHT-TARIFE AN AUSGEWÄHLTEN BEISPIELEN NACH 1977

Zum 1. Januar 1977 erfolgt die Umstellung auf das neue Versicherungsschema, die Einstufung erfolgte nicht mehr nach Hubraum, sondern nach Leistung – was bekanntlich zur 27-PS-Klasse führte. Damit einher ging eine Erhöhung der Versicherungsprämien. Davon ausgenommen blieb die Klasse der Kleinkrafträder (KKR), der schnellen 50er, welche eine deutsche Besonderheit darstellten. Doch auch auf diesem Gebiet bahnten sich Änderungen an. 1980 wurden, bei gleichzeitiger Anhebung des Hubraumlimits, die Leichtkrafträder (LKR) eingeführt. Diese lösten die KKR ab.

Eine Sonderregelung galt für Motorräder mit elf und mehr PS und bis 175 cm³ Hubraum sowie Motorräder mit 18 und mehr PS und einem Hubraum bis 250 cm³: Diese wurden ungeachtet ihrer tatsächlichen Leistung in die Klasse bis 7 kW (10 PS) beziehungsweise 13 kW (17 PS) eingeordnet. Diese Sonderregelung wurde mehrmals verlängert.

Bestand	(Stichtag 1.7.)	Neuzulassungen (Stichtag 31.12.)
1969	154.417	4.863
1970	141.047	8.254
1971	133.113	15.333
1972	143,046	25.660
1973	166.569	34.884
1974	189.997	31.815
1975	214.647	41.984
1976	259.724	56.809
1977	312.695	67.118
1978	374.230	84.462
1979	450.634	98.893
1980	542.887	122.135
1981	657.541	132.787
1982	761.062	127.016
1983	844.256	123.169
1984	901.849	98.919
1985	942.358	80.135

Neuzulassungen nach Marken								
Saison	BMW	Honda	Kawasaki	Moto Guzzi	MZ	Suzuki	Yamaha	Sonstige
1971/2	4.589	10.291	1.233	385	1.046	1.201	3.223	3.692
1972/3	5.963	12.958	2.008	404	1.168	1.546	7.488	3.349
1973/4	4.794	11.891	1.497	369	1.162	1.995	6.233	3.874
1974/5	5.162	16.205	2.100	757	1.502	4.328	7.501	4.429
1975/6	6.593	22.715	2.878	1.049	1.156	6.240	11.756	4.422
1976/7	6.936	19.393	5.400	1.012	1.277	9.379	18.759	4.962
1977/8	6.713	26.072	8.647	1.268	894	13.645	21.879	5.344
1978/9	9.341	34.637	9.737	1.389	874	13.558	23.619	5.738
1979/0	9.447	39.876	16.837	1.344	1.176	16.793	30.660	6.002
1980/1	10.241	45.291	18.819	1.853	1.091	12.275	37.178	6.039
1981/2	9.777	44.342	17.602	2.051	530	17.582	30.047	5.088
1982/3	9.464	42.737	18.655	2.489	492	13.564	31.019	4.749
1983/4	9.964	32.184	17.695	2.124	720	5.653	26.299	4.280
1984/5	9.462	22.059	19.032	2.024	1.212	8.053	18.542	3.751

Zahlen des KBA, zitiert nach Schwab, Motorräder 1970_1992, Stuttgart, 1993.

Entwicklung der Haftpflicht-Tarife an ausgewählten Beispielen

1970-1979, alle Angaben in DM, auf die vollen Markbeträge wurde auf- bzw. abgerundet. Die Staffelung der Schadenfreiheitsrabatte entsprach nicht dem von Automobilen, nach drei Jahren wurden 50 Prozent Rabatt gewährt.

Beispielhaft für die Tarifentwicklung ist hier die Tarifstruktur der Gothaer Allgem. Vers.-AG., Göttingen, aufgeführt, die damals im gehobenen Mittelfeld rangierte. Natürlich gab es sehr viel günstigere Anbieter, zum Vergleich ist bei den Werten 1977 der günstige Anbieter mit aufgeführt.

1970				
Hubraumklasse	**SF-Jahre**			
	0	1	2	3
50-100 cm³	35,-	32,-	25,-	18,-
100-175 cm³	99,-	89,-	69,-	50,-
175-250 cm³	117,-	105,-	82,-	59,-
250-475 cm³	293,-	264,-	205,-	147,-
über 475 cm³	421,-	379,-	295,-	211,-
1973				
Hubraumklasse	**SF-Jahre**			
	0	1	2	3
50-100 cm³	84,-	76,-	59,-	42,-
100-175 cm³	159,-	143,-	111,-	80,-
175-250 cm³	206,-	185,-	144,-	103,-
250-475 cm³	525,-	473,-	368,-	263,-
über 475 cm³	722,-	650,-	505,-	361,-
1975				
Hubraumklasse	**SF-Jahre**			
	0	1	2	3
KKR bis 50 cm³	390,-	351,-	312,-	273,-
50-100 cm³	114,-	102,-	80,-	57,-
100-175 cm³	204,-	184,-	143,-	102,-
175-250 cm³	386,-	347,-	270,-	193,-
250-475 cm³	1.221,-	1.099,-	855,-	611,-
über 475 cm³	1.272,-	1.145,-	890,-	636,-

Entwicklung der Haftpflicht-Tarife an ausgewählten Beispielen nach 1977

Zum 1. Januar 1977 erfolgt die Umstellung auf das neue Versicherungsschema, die Einstufung erfolgte nicht mehr nach Hubraum, sondern nach Leistung – was bekanntlich zur 27-PS-Klasse führte. Damit einher ging eine Erhöhung der Versicherungsprämien. Davon ausgenommen blieb die Klasse der Kleinkrafträder (KKR), der schnellen 50er, welche eine deutsche Besonderheit darstellten. Doch auch auf diesem Gebiet bahnten sich Änderungen an. 1980 wurden, bei gleichzeitiger Anhebung des Hubraumlimits, die Leichtkrafträder (LKR) eingeführt. Diese lösten die KKR ab.

1977	
KKR bis 50 cm³	746.-
bis 7 kW (10 PS)	143,-
bis 13 kW (17 PS)	362,-
bis 20 kW (27 PS)	848,-
bis 37 kW (50 PS)	1.574,-
über 37 kW	1.685.-

1979	
bis 7 kW (10 PS)	144,-
bis 13 kW (17 PS)	364,-
bis 20 kW (27 PS)	852,-
bis 37 kW (50 PS)	1.581,-
über 37 kW	1.694.-

1980	
KKR bis 50 cm³	732.-
bis 7 kW (10 PS)	116,-
bis 13 kW (17 PS)	265,-
bis 20 kW (27 PS)	791,-
bis 37 kW (50 PS)	1.043,-
über 37 kW	1.380.-

1982	
LKR 80 cm³	131.-
bis 7 kW (10 PS)	131,-
bis 13 kW (17 PS)	290,-
bis 20 kW (27 PS)	749,-
bis 37 kW (50 PS)	1.090,-
über 37 kW	1.393.-

1984	
LKR 80 cm³	384.-
bis 7 kW (10 PS)	128,-
bis 13 kW (17 PS)	290,-
bis 20 kW (27 PS)	769,-
bis 37 kW (50 PS)	1.121,-
über 37 kW	1.438.-

1986	
LKR 80 cm³	782.-
bis 7 kW (10 PS)	182,-
bis 13 kW (17 PS)	265,-
bis 20 kW (27 PS)	659,-
bis 37 kW (50 PS)	970,-
über 37 kW	1.347.-

1988	
LKR 80 cm³	780.-
bis 7 kW (10 PS)	180,-
bis 13 kW (17 PS)	265,-
bis 20 kW (27 PS)	660,-
bis 37 kW (50 PS)	970,-
über 37 kW	1.347.-

1990	
LKR 80 cm³	670.-
bis 7 kW (10 PS)	135,-
bis 13 kW (17 PS)	199,-
bis 20 kW (27 PS)	431,-
bis 37 kW (50 PS)	612,-
über 37 kW	920,-